鳴き声と羽根でわかる
# 野鳥図鑑

監修
## 吉田 巧
日本野鳥の会会員・日本写真協会会員

音声監修
## 岩下 緑

鳴き声QRコード付
羽根模様イラスト付

池田書店

アオサギ

ホオジロ

タンチョウ

コマドリ

カワセミ

# はじめに

　世界中には様々な野生の動物がいます。テレビでも色々な動物が紹介された番組を見ることも多いのではないでしょうか。では、実際に日本で動物を見ようと思った時、みなさんはどうされますか？多くの方は動物園に行こうと考えるでしょう。

　しかし、動物園で見られるのは飼育されている動物です。野生ではありません。日本国内で野生の動物を見るのは、なかなか難しいと思うのではないでしょうか？

　でも、私たちの身近にも野生の動物はたくさんいるのです。それは何か？　そう野鳥です。スズメもカラスも野生の動物なのです。公園にいるカルガモも野鳥です。身近な野鳥を観察すると今まで気づかなかった環境の変化に気づいたりします。また、四季折々さまざまな野鳥達に出会うことができます。

　野鳥観察は身近なところから簡単に始められますが、見る・聴く・録る・撮る、ある地域にしか生息しない野鳥に会いに行く、機材へのこだわりなど、楽しみ尽くせないほどの懐の深さも持ち合わせています。

　本書は文字情報だけでなく、写真や羽根によるビジュアルとQRコードで聴ける音声により、まさに"現場"でその野鳥の識別が可能な構成になっています。

　本書が読者のみなさんの野鳥観察のきっかけになり、野鳥を大切にしながら、その美しさと楽しさを共有できる人がもっと増えることにつながれば、これほど嬉しいことはありません。

　野鳥観察の広大で、ディープな世界へようこそ。

監修 吉田巧

# 鳴き声と羽根でわかる 野鳥図鑑

## CONTENTS

- 本書の使い方 ... 24
- QRコードの使い方 ... 26
- バードウォッチングの楽しみ方 ... 28

- 第1章 ● 身近にいる鳥 ... 40
- 第2章 ● 里山にいる鳥 ... 64
- 第3章 ● 野山にいる鳥 ... 98
- 第4章 ● 水辺にいる鳥 ... 174
- 第5章 ● 海にいる鳥 ... 218
- 第6章 ● 島鳥 ... 240

- 巧 (Takumi) の鳥・撮りコラム
  - コラム①「見慣れたはずの"あの鳥"が…」... 63
  - コラム②「"撮らない"という決断も大切」... 97
  - コラム③「愛するがゆえに会わない」... 173
  - コラム④「カワセミとの運命の出会い」... 217
  - コラム⑤「野鳥探しは推理小説」... 239
  - コラム⑥「"鳥"に会いに"島"に行く」... 249

- 索引 (五十音順) ... 252
- 監修&協力紹介 ... 254

## 第1章 身近にいる鳥

**001** シジュウカラ　P42

**002** スズメ　P44

**003** ウグイス　P45

**004** メジロ　P46

**005** ジョウビタキ　P48

| 006 カワラヒワ　P50 |  007 モズ　P51 |   008 ヒヨドリ　P52 |
|  009 ハクセキレイ　P54 |  010 ツバメ　P56 |  011 コゲラ　P57 |
| 012 オナガ　P58 |  013 ハシブトガラス　P60 |  014 ハシボソガラス　P61 |
|  015 ムクドリ　P62 | 第2章　里山にいる鳥 |  016 カケス　P66 |

| 017 シメ P67 | 018 オジロビタキ P68 | 019 ホオジロ P70 |
| 020 コガラ P71 | 021 エナガ P72 | 022 ツグミ P74 |
| 023 シロハラ P75 | 024 ノゴマ P76 | 025 ヒレンジャク P77 |
| 026 キレンジャク P78 | 027 アカモズ P79 | 028 チゴモズ P80 |

| 029 ヒバリ　　P81 | 030 アオゲラ　　P82 | 031 アカゲラ　　P84 |
| 032 キジ　　P86 | 033 コジュケイ　　P88 | 034 キジバト　　P89 |
| 035 アオバズク　　P90 | 036 オオタカ　　P92 | 037 チョウゲンボウ　P94 |
| 038 サシバ　　P96 | **第3章** 野山にいる鳥 | 039 ホシガラス　　P100 |

| 040 ニュウナイスズメ P102 | 041 ウソ P103 | 042 イカル P104 |
| 043 マヒワ P106 | 044 アトリ P108 | 045 コムクドリ P109 |
| 046 アオジ P110 | 047 クロジ P111 | 048 ノジコ P112 |
| 049 ミヤマホオジロ P113 | 050 ホオアカ P114 | 051 ゴジュウカラ P116 |

| 052 ヒガラ P118 | 053 ヤマガラ P119 | 054 オオルリ P120 |

| 055 キビタキ P122 | 056 サンコウチョウ P124 | 057 キクイタダキ P126 |

| 058 カシラダカ P127 | 059 メボソムシクイ P128 | 060 センダイムシクイ P129 |

| 061 ヤブサメ P130 | 062 コヨシキリ P131 | 063 セッカ P132 |

| 064 トラツグミ　P134 | 065 クロツグミ　P135 | 066 アカハラ　P136 |
| 067 マミジロ　P138 | 068 コルリ　P139 | 069 ルリビタキ　P140 |
| 070 ノビタキ　P142 | 071 コマドリ　P144 | 072 カヤクグリ　P146 |
| 073 イワヒバリ　P147 | 074 ミソサザイ　P148 | 075 カワガラス　P149 |

| 076 サンショウクイ P150 | 077 ビンズイ P151 | 078 キセキレイ P152 |
| --- | --- | --- |
| 079 イワツバメ P153 | 080 クマゲラ P154 | 081 ヨタカ P155 |
| 082 アカショウビン P156 | 083 ブッポウソウ P158 | 084 アオバト P159 |
| 085 ライチョウ P160 | 086 カッコウ P161 | 087 ホトトギス P162 |

| 088 ツツドリ P164 | 089 ジュウイチ P165 | 090 フクロウ P166 |

| 091 イヌワシ P168 | 092 ツミ P170 | 093 オオコノハズク P171 |

| 094 オオジシギ P172 | **第4章** 水辺にいる鳥 | 095 オオヨシキリ P176 |

| 096 ベニマシコ P178 | 097 タヒバリ P180 | 098 セグロセキレイ P181 |

| 099 カワセミ　P182 | 100 ヤマセミ　P184 | 101 トビ　P186 |
| 102 コチドリ　P187 | 103 イソシギ　P188 | 104 タンチョウ　P189 |
| 105 コサギ　P190 | 106 ゴイサギ　P192 | 107 アオサギ　P194 |
| 108 ダイサギ　P195 | 109 オオジュリン　P196 | 110 コウノトリ　P197 |

| 111 カイツブリ　P198 | 112 オオバン　P199 | 113 バン　P200 |
| 114 カルガモ　P202 | 115 マガモ　P203 | 116 オナガガモ　P204 |
| 117 ハシビロガモ　P206 | 118 コガモ　P207 | 119 ヒドリガモ　P208 |
| 120 オシドリ　P210 | 121 マガン　P211 | 122 ヒシクイ　P212 |

017

| 123 コハクチョウ　P213 | 124 オオハクチョウ　P214 | 125 カワウ　P216 |

## 第5章
海にいる鳥

| 126 イソヒヨドリ　P220 | 127 ミサゴ　P221 |

| 128 コアジサシ　P222 | 129 ユリカモメ　P224 | 130 ウミネコ　P226 |

| 131 ミヤコドリ　P227 | 132 セイタカシギ　P228 | 133 シロチドリ　P230 |

134 ダイシャクシギ　P231

135 オオソリハシシギ　P232

136 キアシシギ　P233

137 アオアシシギ　P234

138 キンクロハジロ　P236

139 ホシハジロ　P238

第6章

島鳥

140 ルリカケス　P242

141 アカヒゲ　P244

142 メグロ　P246

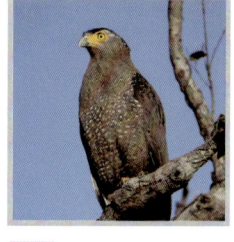

143 カンムリワシ　P247

144 アカコッコ　P248

# 野鳥の「鳴き声」検索

| 鳴き声 | 名前 | 野鳥No | ページ |
|---|---|---|---|
| オーアオー、アオーア | アオバト | 84 | 159 |
| カァーカァー、アーアーアー | ハシブトガラス | 13 | 60 |
| ガァーガァーガァー | ハシボソガラス | 14 | 61 |
| ガーッ、ガーッ | ホシガラス | 39 | 100 |
| カタカタカタ | コウノトリ | 110 | 197 |
| カッコウ、カッコウ、ピピピピピ | カッコウ | 86 | 161 |
| ガハハン、ガハハン | ヒシクイ | 122 | 212 |
| ギイ、ギイィー、ギーエ | コゲラ | 11 | 57 |
| キィーキィー、ピーヨピーヨ | ヒヨドリ | 8 | 52 |
| キィキィキィキィ | チョウゲンボウ | 37 | 94 |
| ギチギチギチギチ | アカモズ | 27 | 79 |
| キッ、キュルッ | オオバン | 112 | 199 |
| キッキッケッケ | オオタカ | 36 | 92 |
| キャラハン、キャラハン | マガン | 121 | 211 |
| ギューイ、ギィ | ユリカモメ | 129 | 224 |
| キュル、キュル、ヒリーヒリー | イワヒバリ | 73 | 147 |
| キュルキュル、ジャージャー | ムクドリ | 15 | 62 |
| キョキョキョ、ピョピョピョ、ピョ | アオアシシギ | 137 | 234 |
| キョキョキョキョキョ… | ヨタカ | 81 | 155 |
| ギョギョシギョギョシ、カカカカカ | オオヨシキリ | 95 | 176 |
| キョッ、キョッ、ギョギョシ、ギョギョシ | コヨシキリ | 62 | 131 |
| キョッ、キョッ、キョッ | アカゲラ | 31 | 84 |
| キョッキョ、キョキャキョキョ | ホトトギス | 87 | 162 |
| キョロロ、キュルル | アカコッコ | 144 | 248 |
| キョロロロロロロ | アカショウビン | 82 | 156 |
| キョロン、キョロン、チュピー | マミジロ | 67 | 138 |
| キョロン、キョロン、ツリー | アカハラ | 66 | 136 |
| キョロンキョロンキョロン、ホフィーイフホフィー | クロツグミ | 65 | 135 |
| ギョンギョン、キチキチ、キィーキキキ… | モズ | 7 | 51 |
| キリキリキリ | カイツブリ | 111 | 198 |
| キリキリビーン | カワラヒワ | 6 | 50 |
| クァッ、クァッ | オシドリ | 120 | 210 |
| クイッ、クイッ | ツグミ | 22 | 74 |
| グェーイ、ジッジッジッ | オナガ | 12 | 58 |
| クエッ、クエッ | ハシビロガモ | 117 | 206 |
| グエッグエッグエッグエッ | カルガモ | 114 | 202 |

| 鳴き声 | 名前 | 野鳥 No | ページ |
|---|---|---|---|
| ククッ | バン | 113 | 200 |
| クルックルッ | ホシハジロ | 139 | 238 |
| クルル、カッカッ | タンチョウ | 104 | 189 |
| クルルクルル | キンクロハジロ | 138 | 236 |
| クワーオ、クワクワクワクワ、ミャーミャー | ウミネコ | 130 | 226 |
| グワァグワァーグワァー | マガモ | 115 | 203 |
| クワッ、クワッ、クワッ | オナガガモ | 116 | 204 |
| グワッグワァー | アオサギ | 107 | 194 |
| グワワワァーグワワワァー | カワウ | 125 | 216 |
| ケーンケーン（ドドド） | キジ | 32 | 86 |
| ケケケ、カーリュー、カーリュー | ダイシャクシギ | 134 | 231 |
| ゲッ、ゲッ、ゲゲー | ブッポウソウ | 83 | 158 |
| ケッケッケッ | オオソリハシシギ | 135 | 232 |
| ケレケレケレ | ヤマセミ | 100 | 184 |
| コーキーコーキー、ピッツツピーピッツツピー | コガラ | 20 | 71 |
| コォーコォーコォー | コハクチョウ | 123 | 213 |
| コーコココー | オオハクチョウ | 124 | 214 |
| コキコキー、キココキー、ケッケッ | イカル | 42 | 104 |
| ゴワーッ、ゴワーッ | コサギ | 105 | 190 |
| ゴワーッ、クワッ | ダイサギ | 108 | 195 |
| ゴワーゴワー、クゥクゥクゥ | ライチョウ | 85 | 160 |
| ゴワッゴワッ | ゴイサギ | 106 | 192 |
| ジープ、ジープ、ズビヤクズビヤク（ザザザ…） | オオジシギ | 94 | 172 |
| シシシシシシシ | ヤブサメ | 61 | 130 |
| ジジジジジジッ | チゴモズ | 28 | 80 |
| シャーシャー、ギャーギャー | ルリカケス | 140 | 242 |
| ジュイーンジュイーン、ジュクジュクジュク | マヒワ | 43 | 106 |
| ジュウイチー | ジュウイチ | 89 | 165 |
| ジュクジュクジュクジュク | ツバメ | 10 | 56 |
| ジュジュッ | イワツバメ | 79 | 153 |
| ジュジュッ、キリキリビューイ | コムクドリ | 45 | 109 |
| ジュリジュリジュリ、チチチッ | エナガ | 21 | 72 |
| チーツリリッ | キクイタダキ | 57 | 126 |
| チッ、チチッ、チッ | シメ | 17 | 67 |
| チッチチッ、チチチチチッ | キセキレイ | 78 | 152 |
| チッチッ | ミヤマホオジロ | 49 | 113 |

| 鳴き声 | 名前 | 野鳥 No | ページ |
|---|---|---|---|
| チッチッチッチッチッヒンカラララ、チッチッチッチッヒリリリリ | コルリ | 68 | 139 |
| チッチョッチー、ジュリン | オオジュリン | 109 | 196 |
| チュイチョリピューヨ、ヒーホィー | メグロ | 142 | 246 |
| チュイッ、チュイッ、チュン | ニュウナイスズメ | 40 | 102 |
| チュピピ | タヒバリ | 97 | 180 |
| チュリチュリチュリチュリーチーチュルルチーチュルル | メジロ | 4 | 46 |
| チュリリリ、チュリリリー | ハクセキレイ | 9 | 54 |
| チュルチュルピーピー、ツイツイツイ | ビンズイ | 77 | 151 |
| チュルルル、フィッフィ、ヒッポ | ベニマシコ | 96 | 178 |
| チュルルルル、チョビ | ホオアカ | 50 | 114 |
| チュンチュン、ジジジジッ、ジュジュ | スズメ | 2 | 44 |
| チヨチョジー、チョチョチョジー | センダイムシクイ | 60 | 129 |
| チョッチュリッ、チリッピ | ホオジロ | 19 | 70 |
| チョトーコイ、チョトーコイ | コジュケイ | 33 | 88 |
| チョリチョリチョリチョリチョリチョリ | メボソムシクイ | 59 | 128 |
| チリリー、ジュイジュイジュイ | セグロセキレイ | 98 | 181 |
| チリリチリリチリリ | キレンジャク | 26 | 78 |
| チリリリッ | カヤクグリ | 72 | 146 |
| ツィリリー | イソシギ | 103 | 188 |
| ツィリリリリ、チャリリリリリ、ツリリリリリ | ミソサザイ | 74 | 148 |
| ツーツーフィーツツフィー、ニィニィニィ | ヤマガラ | 53 | 119 |
| ツツピー、ツツピー | シジュウカラ | 1 | 42 |
| ツピ、ツピ、ツピ、ツピ | ヒガラ | 52 | 118 |
| ツピッ、ツツツピッ | シロハラ | 23 | 75 |
| ティティティティ | オジロビタキ | 18 | 68 |
| デデッ、ポッポー | キジバト | 34 | 89 |
| ヒー、ヒョー、ヒー | トラツグミ | 64 | 134 |
| ビィーンビィーン、キョッキョッ | アトリ | 44 | 108 |
| ピーッピーッ | ミヤコドリ | 131 | 227 |
| ヒーヒーヒー | ヒレンジャク | 25 | 77 |
| ピィピィピエーイ | カンムリワシ | 143 | 247 |
| ヒーヒーヒョーヒーヒーヒ | アカヒゲ | 141 | 244 |
| ヒーヒョロヒーヒョロヒー | ノビタキ | 70 | 142 |
| ピーヒョロロロロ | トビ | 101 | 186 |
| ピェー、ジェッジェッ | カケス | 16 | 66 |
| ピオピオピオ | コチドリ | 102 | 187 |

| 鳴き声 | 名前 | 野鳥 No | ページ |
|---|---|---|---|
| ピチュル、ピチュル、ピチュル、ピー | ヒバリ | 29 | 81 |
| ピックィー | サシバ | 38 | 96 |
| ヒッヒッ、カッカッ | ジョウビタキ | 5 | 48 |
| ピツビツ、ジョジョチチッ | カワガラス | 75 | 149 |
| ヒッヒッヒッ、チャッチャッチャッチャッ | セッカ | 63 | 132 |
| ピピッ、チョー、チー、チョチョッ | アオジ | 46 | 110 |
| ピピッ、ピピッ | カワセミ | 99 | 182 |
| ピフィッ、ピフィッ | コガモ | 118 | 207 |
| ピャッピャッ | イヌワシ | 91 | 168 |
| ピューイ、ピューイ | セイタカシギ | 132 | 228 |
| ピュー、ピュイピィピィ | キアシシギ | 136 | 233 |
| ピューゥ、ピューゥ | ヒドリガモ | 119 | 208 |
| ピュルピュル、ケレケレケレ | シロチドリ | 133 | 230 |
| ヒュルルルルリ | ルリビタキ | 69 | 140 |
| ピュロロピィーピュイー | カシラダカ | 58 | 127 |
| ピョーピョー | クマゲラ | 80 | 154 |
| ピョーピョーピョー | アオゲラ | 30 | 82 |
| ピョーピョピョピョ | ツミ | 92 | 170 |
| ピョッピョッ | ミサゴ | 127 | 221 |
| ヒョッヒョロヒョロチュージェオ | ノジコ | 48 | 112 |
| ヒョロリ、ヒョロリー、ヒー、ヒョロロヒーヨ | ノゴマ | 24 | 76 |
| ヒリリン、ヒリリン | サンショウクイ | 76 | 150 |
| ヒンカラララ | コマドリ | 71 | 144 |
| フィーフィーフィーフィー | ゴジュウカラ | 51 | 116 |
| フィーフィーフィーフィー、ジジッ | オオルリ | 54 | 120 |
| フィッ、フィッ、フィイィッ、フィッ | コアジサシ | 128 | 222 |
| フィッ、フィッ、フィッ | ウソ | 41 | 103 |
| ホイピーチョリ | イソヒヨドリ | 126 | 220 |
| ホイホイホイ、ホイホイホイ | サンコウチョウ | 56 | 124 |
| ホーフィーッフィーッフィー、ホイホイ | クロジ | 47 | 111 |
| ホーホー、ホーホー | アオバズク | 35 | 90 |
| ホーホケキョ、ケキョケキョケキョケキョ | ウグイス | 3 | 45 |
| ホキョリン、チーチチチ、チーチチチ | キビタキ | 55 | 122 |
| ホッホッ、ゴロスケホッホ、ギャホー、ホッホッホ | フクロウ | 90 | 166 |
| ホッホッホ、キュリー、ティヤオー、ミューミュー | オオコノハズク | 93 | 171 |
| ポポポポ、ポポッポポッポッ | ツツドリ | 88 | 164 |

## この本の使い方

◎鳥の名前と分類
この鳥の正式な名前と鳥類の中での種の分類を記載してあります。

◎一言紹介
この鳥の特徴を一言で紹介してあります。

◎鳴き声
鳥の鳴き声をカタカナ表記してあります。バードウォッチングの参考にしてください。
（聞きなし）は鳴き声を人の言葉に置き換えたものです。

◎見分けるポイント
見られる時期や生息地、特徴など、その鳥を見分けるためのデータを記載してあります。

◎本文
鳥の特徴や生息環境、生態などを記載してあります。

◎QRコード
バーコードリーダーで読み込めばこの鳥の声が聴こえます。バードウォッチングの確認用に使えます。鳥の近くで聴く時は鳥が勘違いしないようにイヤホンで聴きましょう。26ページの「QRコードの使い方」もご覧ください。

---

**055** ▶▶▶ 野山にいる鳥

野山のアイドル
# キビタキ

キビタキ　スズメ目ヒタキ科

羽
腰羽

鳴き声》 ホキョリン、チーチチチ、チーチチチ （聞きなし）ソフトクリーム、ちょっと来い
（戦いの声）ブンブンビリビリ

### 見分けるポイント

| 時期 | |
|---|---|
| 1月 | |
| 2月 | |
| 3月 | |
| 4月 | |
| 5月 | |
| 6月 | |
| 7月 | |
| 8月 | |
| 9月 | |
| 10月 | |
| 11月 | |
| 12月 | |

生息地
●公園・森・低山
大きさ
●約14cm
色
●黄色、黒色
特徴
オスは眉斑、喉の橙色から腹が黄色。黒色の背に大きな白色斑。メスは全体的に褐色

鳴き声・QRコード

北海道、本州、四国、九州で夏鳥として渡来する。沖縄では留鳥として見られる。渡りの時期には市街地でも見られる。オスは黄色が鮮やかだが、メスは褐色。オス同士、鋭い羽音やクチバシを鳴らす音で、縄張りを争う。飛んでいる昆虫類を空中で捕らえる姿から、「フライングキャッチャー」と英名がついている。日本名の由来は、黄色い鶲（ヒタキ）。この鳥も美しい色彩と鳴き声で、オオルリと並んで人気が高い。

## ◎羽根のイラスト

この鳥の特徴的な羽根をイラストにして掲載、あわせて部位の情報を記載してあります（右写真参照）。

**野鳥の主な羽根の部位**
おおあまおおい 大雨覆
さんれつかざきり 三列風切
じれつかざきり 次列風切
尾羽
頭
喉
胸
腹
しょれつかざきり 初列風切

---

野山にいる鳥 ◀◀◀ 055

## ◎鳥No

本書に記載された鳥の通し番号です。索引、目次から探すときにご参照ください。

美しいコントラストが魅力的

## ◎写真の説明

撮った時の状況やその鳥の生態などを記載してあります。

秋、都内の公園で出会ったキビタキ。注意深く探せばキビタキに会えるかもしれない

## ◎ページ数

全体のページ数です。索引、目次から探すときにご参照ください。

## QRコードの使い方

QRコードが掲載されているページでは、
カメラ付き携帯電話の「バーコードリーダー機能」を使って撮影すると、
野鳥の声をダウンロードできます（ダウンロードした音声は保存ができます）。
野鳥の選別や、着信音などにご利用いただけます。

※「カメラ機能」と「バーコード機能」は違う機能です。あらかじめご了承ください。

### ◎QRコードをご利用いただける機種

docomo、au、SoftBank各社のQRコードが読み取れ、音声が再生できる携帯電話でご利用いただけます。

※お持ちの携帯電話で再生できるかは、取扱説明書でご確認いただけます。

【ご利用にあたって】
① 機種ごとの操作方法や設定に関してのご質問にはお答えしかねますので、あらかじめご了承ください。
② 予告なくサーバーをメンテナンスする場合がございます。その場合は一時的にダウンロードができなくなります。
③ ファイル名が文字化けする場合には、お持ちの機種の表示設定を変更してください。
④ 音声データの著作権は岩下緑と株式会社池田書店に属します。個人ではご利用いただけますが、再配布や販売、営利目的の利用はお断りさせていただきます。
⑤ 地域によっては携帯電話の送受信が圏外の場所がございます。その場所ではご利用になれませんので、あらかじめご了承ください。

### ◎定額制のご契約をお奨めします

### 通信料が別途かかります。

- ●docomoをご利用の方は「パケ放題」
- ●auをご利用の方は「ダブル定額」
- ●SoftBankをご利用の方は「パケットし放題」

などの、定額制サービスをご利用いただくことをお奨めします。

## ◎QRコードの読み取り方

機種によって操作方法が異なります。操作方法がご不明な方は、ご利用機種の取扱説明書をご覧ください。

【操作方法】
①携帯電話のカメラを起動し、QRコードを読み取るモードにします（接写モードに切り替えないと読めない機種もあります）。
②本書のQRコードを読み取ります。
③接続の確認画面がでるので、接続を許可します。
④ファイル名をクリックすると、声がダウンロードされます。
⑤保存する場合は保存を、声を聞く場合は再生を選択してください。

鳴き声・QRコード

## ◎パソコンでもご利用いただけます

http://www.ikedashoten.co.jp/space/yacho/data/pc/yacho.zip

**パスワード：i4749** (半角文字)

【やり方】
①ブラウザを立ち上げ、上記のアドレスを入力します。
②ファイルを保存する画面が表示されるので、任意の場所に保存します。
③ファイルが圧縮されていますので、パスワード"i4749（半角文字）"を入力して解凍します。
④解凍すると、複数のファイルが表示されますので、聞きたい鳥の声のファイルを選択します。

※圧縮ファイルとは、元々のデータの内容を変えずに、サイズを縮小したファイルのことです。
　そのままではファイルを使えず、「解凍ソフト」を使って縮小したファイルを元に戻す必要があります。
※パソコンの環境によっては、解凍用のソフトをインストールする必要があります。
　上記以外の方法に関してのご質問にはお答えしかねますので、あらかじめご了承ください。

バードウォッチングの楽しみ方①
# バードウォッチングを始めよう！

## まずは身近なところから

　日本のバードウォッチング人口は100万ともいわれており、ポピュラーな野外レクリエーションのひとつだ。野鳥の美しい姿や声はとても魅力的で、自然環境保護の観点からも注目されている。

　バードウォッチングは、わざわざ遠くに出かけなくても、身近でできるもの。なぜなら、近所にはカラスとスズメしか見かけないと思っても、実際には多くの鳥たちが暮らしているから。特に、早朝と夕方には最適な時間だ。

　そうはいっても、なかなか鳥が見つからないこともある。そんなときは「鳥を感じる」ところからはじめるのもいい。「今、木が揺れなかったか？」「かすかに鳴き声がしなかったか？」…、意識して耳を澄ませるだけも、鳥たちの声が聞こえるはず。"声は聞こえど姿は見えず"そんなときでも、本書のQRコードを使えば、声の主も見つかるだろう。

## お気に入りの場所

　近所にひとつ、お気に入りの場所を見つけると観測がしやすいかもしれない。何度か足を運べば馴染みの鳥も増えるし、季節ごとの変化があって面白い。環境によって生息している鳥も変わるので、いろいろな場所を探索してお気に入りの場所を見つけよう。

　近所に慣れてきたら、半日程度、緑の多い場所に遠出してもいいし、観察会に参加して仲間と一緒に楽しむのもいいだろう。鳥を見るだけでなく、写真を撮ったり、鳴き声を録音したり、羽根を集めたり。楽しみ方は様々だ。

*Enjoy the Bird Watching!*

身近な鳥の代表、スズメ。意識して写真に撮るだけで見違える

「ホーホケキョ」で有名なウグイス。春先に声は聞こえるがなかなか見つけにくい

バードウォッチングの楽しみ方②
# 服装と持ち物について

## 服装

　公園などに行くのであれば、普段の服装で大丈夫だ。
　まず、双眼鏡を使うなら両手が塞がらないように荷物はザック（リュックサック）にまとめる。ザックは、体に合ったものが疲れなくてよい。
　自然の多い場所に出向くのであれば、季節に合わせて服を選ぶ。夏は日焼け、冬は寒さを防ぐために長袖に帽子、手袋が必要だ。
　帽子はツバが広過ぎると双眼鏡を使う時に邪魔。ストッパーがあると風で飛ばされない。手袋は撮影するなら指なしを選ぶ。上着は防寒・防水・保湿を考慮する。ポケットがあると便利だろう。
　服は色も重要だ。鳥が驚かないよう目立つ配色は避け、自然になじむものを選ぶ。靴は歩きやすいトレッキングシューズがベスト。

## 持ち物

- ☐ 本書 …………………… 鳥を姿と声で確認できる
- ☐ 双眼鏡 ………………… バードウォッチングの必需品
- ☐ メモ&ペン …………… どこでどんな鳥を見たか記録する
  観察ノートを1冊作るとよい
- ☐ 水筒&食料 …………… 長い時間歩く時に
- ☐ 防寒着 ………………… たためると便利
- ☐ カメラ&三脚 ………… せっかくなら写真も撮ろう
- ☐ 日焼け止め&虫除け …… 夏は必須
- ☐ ティッシュペーパー ……なにかと便利

*Enjoy the Bird Watching!*

服装例
**男性**

ザック
一般にはリュック

帽子
日除け・防寒
のため必須

シャツ
夏は日除け、
冬は防寒のため
長袖がよい

上着
ポケットのついた
ベストなど

靴
晴れた日は登山用、
雨上がりは長靴で

服装例
**女性**

## バードウォッチングの楽しみ方③
# 鳥を見る方法とその道具

## 双眼鏡

　肉眼でも観察は可能だが、双眼鏡は持って行った方がよい。遠くの鳥も寄って見られるし、明るく見える双眼鏡なら暗い所にいる鳥もはっきりと見ることができる。多少の出費は覚悟して信頼できるメーカーのものを買うべきだ。

　双眼鏡にもいろいろな種類があるが、さしあたって高倍率のものは避けよう。手ブレしやすくなり、同じ口径の場合、多少暗くなるからだ。8倍前後がちょうどよいだろう。80m先の鳥を10m先にいるのと同じ大きさで見ることができる。ちゃんと見たいものが入ってくる視野の広さ、ピント調節のしやすさも重要だ。重さにも気をつけたい。持ち運びに疲れないサイズがよいだろう。対物レンズの口径は20〜40mmを目安に。数値が小さければ軽くなり、大きければ明るくなる。視野の広さ・明るさ・軽さ。この3点のバランスを考えて自分にフィットしたものを選ぼう。ちなみに防水仕様だと、なにかと便利。

## スコープ

　野外用の望遠鏡。双眼鏡に比べて倍率が高く、20倍から40倍が主流。鳥をとても近くで見ることができる。一般的には60口径。50口径のものは軽量で持ち歩きに便利だが、倍率は稼ぎにくい。本体と接眼レンズは別売の場合が多い。三脚を使用するのが一般的。

**60口径の標準モデル**
Nikon
フィールドスコープⅢ

*Enjoy the Bird Watching!*

## 使い方

　双眼鏡はストラップを胸のあたり、すぐ目に持っていける位置で調節する。使う時は脇をしめるだけで安定しブレを防げる。肉眼で鳥を見つけたら、ピントを合わせる。レンズは汚れても無理に拭いて傷つけないようにする。ブロアーの風でゴミを飛ばしクリーナーの布で拭くのがよい。

**＜ピントの合わせ方＞**
1. 見たいものに左目だけでピントを合わせる
2. 見たいものを右目だけで見てリングを調整
3. 視界が一つの円になるように、角度を調整し、自分の眼幅に合わせる。

中口径モデル
Nikon
モナーク8×36D CF

コンパクトモデル
Nikon
イーグルビュー
8-24×25 CF

バードウォッチングの楽しみ方④
# 野鳥の写真を撮るために

## カメラ&レンズ

**一眼レフ+望遠レンズ**
Nikon
AF-S NIKKOR
600mmF4G ED
VR+D3S

　鳥は、遠い所にいるのが常なので、撮影には一眼レフであれば望遠レンズ300mm以上が望ましい。野鳥撮影は600mmが標準だが、背景も入れるなら500mmもいいし、400mmなら明るく撮れるレンズも選べる。近付いても逃げないようなら標準レンズでも構わないが、そういった鳥は稀だろう。カメラは操作性のよいものがオススメ。

　望遠レンズは重いので、当然三脚も必要になる。鳥の動きに合わせてスムーズに動かせるビデオ用の雲台もあるとよい。三脚はしっかりしたものが安定するが、持ち運びを考えるとあまり重いのも考えもの。もし、撮影を目的とするなら、撮りたい場所に折りたたみチェアを持っていき、チャンスを待つようなスタイルがいいだろう。

　スコープで見える映像をコンパクトデジカメで撮影する「デジスコ」もオススメ。スコープとデジカメを専用のアダプターで接続する。1000mm～2000mm（35mm判換算焦点距離）の超望遠で鳥から警戒されずに観察しながら撮影できるので重宝する。早朝や夕方の暗くて手ブレする時間でも撮影しやすい。ただし、組み合わせでかなり性能が変化するため、初めて揃える時は専門店で聞く方がよい。（"DIGISCO.com" http://www.digisco.com/）

　ただ、一眼レフよりも起動力が劣るため、飛翔などの瞬間的なシーン撮影は向いていない。スコープに一眼レフをつけることもできる。

*Enjoy the Bird Watching!*

## 撮り方

　できるだけ目立たない服装で、野鳥を脅かさないような場所を選んで撮影する。鳥の警戒心は強く、カメラ付き携帯のシャッター音ですら驚いて逃げてしまうだろう。フラッシュなどにも反応するため、驚かさないように使用は避ける。特に、営巣中の撮影は絶対にしないこと。人が近寄ると、親鳥が怖がって巣を放棄してしまったりするのだ。

　どんな写真にするか考えるのも面白い。記録として撮影するのもよいし、飛び立つ瞬間を狙ったり、鳥の群れを追いかけるのも楽しいだろう。季節の風景の中に溶け込ませれば情緒のある一枚に仕上がる。

**デジスコ**
Nikon
フィールドスコープEDⅢ
＋24xワイドDS接眼レンズ
＋コンパクトデジタルカメラブラケットFSB-U1
＋クールピクスP6000

# バードウォッチングの楽しみ方⑤
# 野鳥の音声を録音するには

## 必要な道具

　鳥のさえずりは聴いていて心地がいい。録ってみたいと思った時に必要な道具を紹介する。今買うのであれば、PCMレコーダが最適だ。理由は以下のとおり。

- **軽量小型**
- **マイク内蔵**
- **CD以上の音質**
- **録音レベル調整の操作が容易**
- **モータがなく雑音が出ない**

　これひとつで、録音が楽しめる。レコーダやマイクは手持ちで録音すると、握る音も録音されるので、できれば小型三脚で設置するとよい。ウインドスクリーンやジャマーと呼ばれる風防も野外録音では必須。レコーダやマイクに付属している風防では不十分なことが多く、少しの風で風切り音が生じ録音が台無しになる。オプションの風防がある場合にはぜひ購入すべきだ。

　鳥の歌う場所がわかる場合には、外部マイクを近くに設置し延長コードで繋ぐと、手元のレコーダで操作でき、距離もあるので鳥に警戒されず録音できる。ヘッドフォンで確認するのもいいだろう。

　録音した音源データはPCに移すと管理しやすい。音声エディタを使えば音の大きさを変えたり特定の周波数帯を消したりできる。周波数分析やオリジナルCDを作ることもできる。

OLYMPUS LS-10

*Enjoy the Bird Watching!*

## 場所と時間

　録音に最も適した時間は初夏の早朝だ。鳥は競ってさえずるし、車などの騒音も少なくて済む。昼間はあまり鳴かないので録音には向かないだろう。夕方も鳥の種類によっては適している。朝とは異なる音を録音できるかもしれない。

　バードウォッチャーやカメラマンが集まる所は、鳥の声より、おしゃべりやシャッター音を録音することになってしまう。人の少ない場所や時間を狙ったほうがいいだろう。鳥が鳴いていれば、暗くても録音できる。ただ、クマやイノシシに注意が必要だ。

LS10とヘッドフォン

## 録り方

　録音中、マイクの近くでは動かず、衣擦れや足音などを出さないようにする。マイクを鳥の近くにセットすると、きれいに録音できるが、不用意に近づくと逃げてしまう。

　録音レベルは、マニュアルで設定する。ピークランプが点灯すると録音が"割れて"しまうからだ。ピークランプがつかないように設定すればよいが、心配なら外部マイクを使い手元で調整すると安心だ。

外付けマイクだと
録音レベルを調整しやすい

バードウォッチングの楽しみ方⑥
# マナーと心構えについて

## 鳥の生活を守る

　美しく魅力ある野鳥だが、私達はその生活を脅かしてはいけない。安心できるだけの距離をとって観察することが肝心だ。バードウォッチングを始め、撮影や録音に夢中になってしまうと、知らないうちに鳥そのものや自然の環境、周囲の人々へ取り返しのつかない傷跡を残してしまうことがある。どうしてそうなってしまうのか、まずは知ることから始めよう。

## 巣には近づかない

　営巣中の巣に接近してはならない。巣の中にいる雛、あるいはその巣に入ろうとしている親鳥には絶対に近付かない。撮影なども避けること。巣の下にいれば鳥が見られるのではないかと、待ち構えているだけで親鳥は巣に帰れなくなる。
　子育て中の親鳥は神経質になっており、人が近付くことで怖がり「これでは子育てができない」と判断したあげく、育児放棄をしてしまう場合があるからだ。親鳥が見捨てた雛鳥がどうなるかは、容易に想像ができるだろう。

## 鳥を疲れさせない

　珍しい鳥を見かけたら、その鳥は弱っているかもしれない。生息地や渡りのルートから外れて飛来したケースが多いからだ。むやみに近付いて疲れさせないよう気を付ける。鳥が人をどう感じるか、撮影や録音でストレスを与えていないか常に観察するのだ。

*Enjoy the Bird Watching!*

## 環境への配慮

　ゴミを捨てたり、むやみに植物を採ったり、土地を荒らしてはならない。自然環境に気を配る。道で集団になったり三脚を並べて立てたりして通行の邪魔にならないこと。駐車なども近隣の人の迷惑にならないよう気を付ける。立ち入り禁止区域に野鳥観察の目的で入るなどは論外である。

## 撮影は時には鳥の敵になる

　撮影は楽しい。夢中になるのも無理はない。しかし、だからといって何をしてもいい理由にはならない。

　たとえば餌付け。カワセミを撮るために公園の水場で籠に魚を仕掛けた人がいた。カワセミは、普段と同じように魚めがけて突っ込んだが、仕掛けた場所の水位が低かったために、底にぶつかりクチバシが折れてしまった。同じ餌付けでも、自宅の庭に果物などを置いておいて、それを食べに訪れる鳥たちを愛でるのは野鳥の楽しみ方のひとつだが、撮影のために鳥を傷つけるような餌付けはよくない。

　また、巣を発見した人が撮影しやすいポイントの木や枝を折ってしまった。その鳥は大変珍しかったため、その人は家に帰って早速ブログにアップした。ブログのアップは、思った以上に人を集めてしまったため、翌日、巣の周囲は丸刈りになってしまったという。このような事態を防ぐために、撮影目的で環境を改変してはならない。

　撮影のためにしたことで、確かにその場では望んだ瞬間に出会える確率は高まるかもしれない。しかし、それが原因で来年見られなくなるのでは元も子もない。ときには撮らない勇気も必要だ。

# 第1章
# 身近にいる鳥

街中・公園など、野山に足を運ばなくても、
都心などの身近に見ることができる鳥がいます。
散歩がてらに気軽に野鳥観察ができます。

▲ スズメ

## ●野山にいる鳥チェックリスト

- [ ] シジュウカラ
- [ ] スズメ
- [ ] ウグイス
- [ ] メジロ
- [ ] ジョウビタキ
- [ ] カワラヒワ
- [ ] モズ
- [ ] ヒヨドリ
- [ ] ハクセキレイ
- [ ] ツバメ
- [ ] コゲラ
- [ ] オナガ
- [ ] ハシブトガラス
- [ ] ハシボソガラス
- [ ] ムクドリ

# 001 ▶▶▶ 身近にいる鳥

### 野鳥観察と言えばこの鳥
# シジュウカラ

シジュウカラ　スズメ目シジュウカラ科

**鳴き声** 🎵 ツツピー、ツツピー　（聞きなし）ピッカチュウ

羽

尾羽

## 見分けるポイント

| 時期 |
|---|
| 1月 |
| 2月 |
| 3月 |
| 4月 |
| 5月 |
| 6月 |
| 7月 |
| 8月 |
| 9月 |
| 10月 |
| 11月 |
| 12月 |

**生息地**
- 街中・公園・林・森・野原・農地・田・川・低山

**大きさ**
- 約14cm

**色**
- 灰色

**特徴**
翼は青みがかった灰色、胸にはネクタイのような黒い帯が縦にある

鳴き声・QRコード

　留鳥として日本全国で分布している。野原や低山に生息するが、街中でも見られる。形や大きさからスズメとよく間違えられる。色をしっかり見て、茶色いスズメと灰色のシジュウカラを区別することが、野鳥観察のスタートともいえる。繁殖期にはつがいで、その他は群れで行動する。営巣場所は、木の洞、キツツキの古巣、ブロック塀の穴、巣箱。森林では、エナガ、メジロ、コガラなどの鳥と混群でいることもある。

身近にいる鳥 ◀◀◀ **001**

オスはのどから尾に
かけての黒線が細い

この角度から見ると
背中の薄い黄色がよ
くわかる

002 ▶▶▶ 身近にいる鳥

## もっともポピュラーな小鳥
# スズメ

スズメ　スズメ目ハタオドリ科

鳴き声 ))) **チュンチュン、ジジジジッ、ジュジュ**

羽

初列風切

### 見分けるポイント

| 時期 |
|---|
| 1月 |
| 2月 |
| 3月 |
| 4月 |
| 5月 |
| 6月 |
| 7月 |
| 8月 |
| 9月 |
| 10月 |
| 11月 |
| 12月 |

**生息地**
● 街中・公園・林・野原・農地・田・川

**大きさ**
● 約14cm

**色**
● 茶色

**特徴**
頭は茶褐色、背は栗色に黒の縦斑、頬は白地に黒い斑点がある

鳴き声・QRコード

　小笠原諸島をのぞいて、人がいるところならどこでも見られるといわれるポピュラーな鳥。鳥を見かけると、スズメではないのにスズメ？と言ってしまうほど、人々に親しまれている。繁殖期の春には、つがいで縄張りを持ち、主に昆虫を食べる。夏から秋にかけては群れをなし、耕作地のまわりでイネの胚乳や草の実を食べて過ごす。ツバメと同様に人々が生活している場所を好み、人家の屋根、壁の隙間などに枯れ草で巣を作る。

身近にいる鳥 ◀◀◀ 003

## 春を告げる『ホーホケキョ』
# ウグイス

ウグイス　スズメ目ウグイス科

羽 — 次列風切

**鳴き声** ホーホケキョ、ケキョケキョケキョケキョ（聞きなし）法、法華経

　春を告げる鳥の代名詞。ホーホケキョと鳴くのは繁殖期のオスだけで、そのさえずりは1日に数千回。やぶの中を好むが、ウグイスの暗黄緑色がやぶの色と同化してしまうため、姿を探すのが難しい。そのため、色が近いメジロをウグイスとよく間違える。春から夏は山地で過ごし、やぶの中を活発に動いて虫を食べる。秋から冬は平地で過ごし、公園や庭の生垣で見られることもある。コマドリ・オオルリとともに日本三鳴鳥のひとつ。

鳴き声・QRコード

### 見分けるポイント

**生息地**
● 街中・公園・林・森・川・低山

**大きさ**
● 約15cm

**色**
● 暗黄緑色

**特徴**
頭、背、尾まで灰色がかった暗黄緑色。白色の眉斑、黒褐色の過眼線がある

| 時期 | |
|---|---|
| 北海道 | 本州以南 |
| | 1月 |
| | 2月 |
| 3月 | 3月 |
| 4月 | 4月 |
| 5月 | 5月 |
| 6月 | 6月 |
| 7月 | 7月 |
| 8月 | 8月 |
| 9月 | 9月 |
| | 10月 |
| | 11月 |
| | 12月 |

004 ▶▶▶ 身近にいる鳥

## 目の回りが白いからメジロです

# メジロ

メジロ　スズメ目メジロ科

羽

初列風切

鳴き声 )))　**チュリチュリチュリチュリーチーチュルルチーチュルル**

### 見分けるポイント

| 時　期 |
|---|
| 1月 |
| 2月 |
| 3月 |
| 4月 |
| 5月 |
| 6月 |
| 7月 |
| 8月 |
| 9月 |
| 10月 |
| 11月 |
| 12月 |

生息地
●街中・公園・林・森・低山

大きさ
●約11cm

色
●黄緑色

特徴
名前のとおり目の回りのアイリングが白色。背が黄緑色、腹は白色

鳴き声・QRコード

　本州、四国、九州では留鳥として一年を通して見ることができる。北海道では、夏鳥として生息する。ウグイス色というと、メジロの黄緑色をイメージする人も多い。体は小さく動きが速い。花の蜜を好み、ツバキ、ウメ、サクラなどの木で見つけられる。花にクチバシを刺して蜜をなめるため、顔が花粉で黄色くなっていることもある。1本の枝にたくさんのメジロが体を寄せ合って止まる様子から『目白押し』という言葉ができた。

身近にいる鳥 ◀◀◀ **004**

ウグイス色の体色から、ウグイスと間違われることがある

紅梅に止まったメジロ。梅にメジロはよく似合う。梅に止まったメジロを「ウメジロ」ともいう

005 ▶▶▶ 身近にいる鳥

## コントラストが美しい
# ジョウビタキ

ジョウビタキ　スズメ目ツグミ科

**鳴き声** 🔊 **ヒッヒッ、カッカッ**

羽

尾羽

### 見分けるポイント

| 時期 |
|---|
| 1月 |
| 2月 |
| 3月 |
| 4月 |
| 5月 |
| 6月 |
| 7月 |
| 8月 |
| 9月 |
| 10月 |
| 11月 |
| 12月 |

**生息地**
●街中・公園・林・野原・川・低山

**大きさ**
●約14cm

**色**
●橙色

**特徴**
橙色の腹。紋付袴をまとったような後ろ姿。尾羽を横に振りながら止まる

鳴き声・QRコード

冬鳥として日本全国に渡来する。黒い顔ときれいな橙色のコントラストがとても美しい。警戒心が薄く、人がいるところから数メートルの場所に降り立つこともある。街中でもよく見られ、冬鳥の中ではとても人気がある。カチカチという鳴き声が、火打石を叩いているように聞こえることから「火叩き」と呼ばれ、転じて「ヒタキ」と名がついた。現在のヒタキ科の語源となった鳥。しかし、実際はヒタキの仲間ではない。

身近にいる鳥◀◀◀ **005**

オスメス共に翼に白斑がある。まるで紋付袴のよう

上はオス。左はメスで全体に褐色

006 ▶▶▶ 身近にいる鳥

## 太めのクチバシに緑黄色の体
# カワラヒワ

カワラヒワ　スズメ目アトリ科

**鳴き声** )) **キリキリビーン**

羽
次列風切

### 見分けるポイント

| 時期 | |
|---|---|
| 北海道 | 本州以南 |
| 1月 | 1月 |
| 2月 | 2月 |
| 3月 | 3月 |
| 4月 | 4月 |
| 5月 | 5月 |
| 6月 | 6月 |
| 7月 | 7月 |
| 8月 | 8月 |
| 9月 | 9月 |
| 10月 | 10月 |
| 11月 | 11月 |
| 12月 | 12月 |

**生息地**
● 街中・公園・林・野原・農地・田・川・低山

**大きさ**
● 約14cm

**色**
● 黄緑色

**特徴**
薄いピンク色で少し太めのクチバシ、体は黄緑がかった褐色

鳴き声・QRコード

　北海道から九州まで広く生息し、市街地や農耕地、河原や海辺などで簡単に見られる。寒冷地のものの多くは、冬になると暖かい地へ移動する。繁殖は春から夏にかけて、スギやマツなどの針葉樹林帯で見られる。また、非繁殖期は群れで生活する。飛んでいるときれいな黄色の翼が見られるが、遠くにいる姿はスズメに似ている。鳴き声は区別することはできるが双眼鏡などできちんと確認することが大切。主に草木の種子・実を食べる。

身近にいる鳥 ◀◀◀ 007

## 愛嬌のある顔立ち
# モズ

モズ　スズメ目モズ科

**鳴き声** 》)) **ギョンギョン、キチキチ、キィーキキキ…**

羽

初列風切

本州、四国、九州では留鳥として、北海道では夏鳥として生息する。繁殖期である夏は山間部、冬は平地へと移動する。小さな猛禽類とも呼ばれ、昆虫類、カエル、ヘビなどの両生・爬虫類、小型鳥類、ネズミなど小型哺乳類を捕食する。捕らえた獲物を、木の枝や有刺鉄線などの鋭い人工物に突き刺しにする「早贄（はやにえ）」という行動をとる。早贄にした餌を食べることは少ない。ちなみに何のために早贄をするかは、解明されていない。

鳴き声・QRコード

### 見分けるポイント

**生息地**
- 街中・公園・林・森・野原・農地・田・川・低山

**大きさ**
- 約20cm

**色**
- 茶色、灰色

**特徴**
鋭く曲がった太い猛禽のようなクチバシ。頭は茶色。白色の眉。背中は青灰色

| 時期 | |
|---|---|
| 北海道 | 本州以南 |
| 1月 | 1月 |
| 2月 | 2月 |
| 3月 | 3月 |
| 4月 | 4月 |
| 5月 | 5月 |
| 6月 | 6月 |
| 7月 | 7月 |
| 8月 | 8月 |
| 9月 | 9月 |
| 10月 | 10月 |
| 11月 | 11月 |
| 12月 | 12月 |

# 008 ▶▶▶ 身近にいる鳥

### 大きな声で「ピーヨ、ピーヨ」
# ヒヨドリ

ヒヨドリ　スズメ目ヒヨドリ科

**鳴き声** ))) キィーキィー、ピーヨピーヨ（聞きなし）いーよ、いーよ

羽／初列風切

## 見分けるポイント

| 時期 |
|---|
| 1月 |
| 2月 |
| 3月 |
| 4月 |
| 5月 |
| 6月 |
| 7月 |
| 8月 |
| 9月 |
| 10月 |
| 11月 |
| 12月 |

**生息地**
● 街中・公園・林・森・川・低山

**大きさ**
● 約27cm

**色**
● 灰色

**特徴**
全身は灰色がかった褐色に模様がちらばる。頬の部分は赤い

鳴き声・QRコード

今では都心でも普通に見ることができるが、1960年代までは街中では冬にしか見られない山鳥だった。現在では人家の庭や、公園などの木々にも営巣し繁殖している。大きな声で鳴くので、簡単に見つけることができる。北部に繁殖するものは、冬になると群れで南下する。繁殖期には昆虫類を好んで食べ、秋冬は果肉のやわらかい草木の実を食べる。また花の蜜も好み、ツバキ、ウメ、サクラなどの花にクチバシを刺して蜜をなめる。

花の蜜を吸いに来たのだろうか？クチバシに花粉のようなものがついている

009 ▶▶▶ 身近にいる鳥

## 白と黒のコントラスト
# ハクセキレイ

ハクセキレイ　スズメ目セキレイ科

**鳴き声** 🔊 **チュリリリ、チュリリリー**

羽

次列風切

### 見分けるポイント

| 時期 | |
|---|---|
| 北海道 | 本州以南 |
| 1月 | 1月 |
| 2月 | 2月 |
| 3月 | 3月 |
| 4月 | 4月 |
| 5月 | 5月 |
| 6月 | 6月 |
| 7月 | 7月 |
| 8月 | 8月 |
| 9月 | 9月 |
| 10月 | 10月 |
| 11月 | 11月 |
| 12月 | 12月 |

**生息地**
- 街中・公園・農地
田・川・湿原・湖沼

**大きさ**
- 約21cm

**色**
- 白黒

**特徴**
白と黒のコントラストのはっきりとした色合い。背は夏は黒色、冬は灰色に

鳴き声・QRコード

　繁殖期には、縄張りを分散し、地上のくぼみや建物の軒下などに営巣する。川の下流域や水辺近くの田畑で、尾を上下に振りながら水生昆虫類などの餌を求めて歩き回る。フライングキャッチで昆虫などの餌を捕らえることもある。非繁殖期には群れをなし、人や車が多くて賑やかな駅前などの街路樹にねぐらを形成している。昼間は方々に散っているが、夕方になるとねぐら近くのビルなどに集まり、大きな声で鳴き交わす。

身近にいる鳥 ◀◀◀ 009

本来は水辺を中心に生息

冬の寒い朝、芝には一面霜が降りていた。その芝をつつき餌を食べていたが、冷たくはないのだろうか？

# 身近にいる鳥

## 人家で巣作り
## ツバメ

ツバメ　スズメ目ツバメ科

羽

尾羽

**鳴き声** )) ジュクジュクジュクジュク（聞きなし）土食って虫食って口渋ーい

### 見分けるポイント

| 時　期 |
|---|
| 1月 |
| 2月 |
| 3月 |
| 4月 |
| 5月 |
| 6月 |
| 7月 |
| 8月 |
| 9月 |
| 10月 |
| 11月 |
| 12月 |

**生息地**
- 街中・公園・農地・田・川・湖沼

**大きさ**
- 約17cm

**色**
- 黒

**特徴**
頭か尾まで光沢黒色。額から喉にかけて赤褐色部がある

　全国に夏鳥として渡来する。昔の人はツバメの鳴き声を『ツチクッテムシクッテクチシブーイ』と表現した。巣を作るために田んぼの土を口で採取する姿から『土を食べて口の中が渋くなる』と思ったのだろう。実際に土を食べることはなく、空中を飛ぶ昆虫類を捕食する。人のいるところを好み、駅や商店街の軒先、時には家の屋内にも巣をつくる。夏〜秋にかけては、河川の流域やアシ原、耕地に集合して集団ねぐらを形成する。

鳴き声・QRコード

身近にいる鳥 ◀◀◀ 011

## とても小さなキツツキ
# コゲラ

コゲラ　キツツキ目キツツキ科

羽　次列風切

鳴き声 )))　ギイ、ギイィー、ギーエ

キツツキの仲間で一番小さな種。全国で留鳥として見られる。街中、公園や、樹木が多くて太い木がある場所で見ることができる。丈夫なクチバシで幹をつつき、樹皮の下に潜む昆虫類をとるほか、木の実も食べる。また、さえずりのかわりに縄張りを宣言するドラミングという行為をし、木をクチバシで『トトトトト』と叩いて音を出す。木の根元に木の削りかすが落ちていたら、周囲にコゲラがいる可能性がある。

鳴き声・QRコード

### 見分けるポイント

| 生息地 | 時期 |
|---|---|
| ● 街中・公園・林・森・低山 | 1月 |
| | 2月 |
| | 3月 |
| **大きさ** | 4月 |
| ● 約15cm | 5月 |
| | 6月 |
| **色** | 7月 |
| ● 焦茶 | 8月 |
| **特徴** | 9月 |
| 頭は褐色、眉斑や顎線、喉は白色。背と翼は黒褐色で小さい白色斑がある | 10月 |
| | 11月 |
| | 12月 |

## 美しい姿と鳴声のギャップが魅力
# オナガ

オナガ　スズメ目カラス科

**鳴き声** グェーイ、ジッジッジッ

羽／初列風切

### 見分けるポイント

| 時期 |
|---|
| 1月 |
| 2月 |
| 3月 |
| 4月 |
| 5月 |
| 6月 |
| 7月 |
| 8月 |
| 9月 |
| 10月 |
| 11月 |
| 12月 |

**生息地**
- 街中・公園・林・野原・農地・低山

**大きさ**
- 約37cm

**色**
- 灰色、翼と尾が水色

**特徴**
頭から顔半分は黒色、顔下半分から腹にかけては白色。長い尾が特徴

鳴き声・QRコード

　東日本に生息し、太平洋側は神奈川県以北、内陸部では長野県以北、日本海側は石川県以北で見られる。市街地などの低地や、低山帯の中でも樹木の多い場所に生息する。また、美しい水色の姿と、「グェーイ…」という濁った鳴き声にギャップがある鳥。実は、ハシブトガラスやハシボソガラスと同じ科。繁殖期は数組のつがいが集まって行動するが、非繁殖期には数十羽の群れをなして行動する。餌は、昆虫や木の実を食べる。

後ろから見ると水色がよくわかる。カラスの仲間とは思えない色合い

013 ▶▶▶ 身近にいる鳥

## 夫婦仲の良いカラス
# ハシブトガラス

ハシブトガラス　スズメ目カラス科

**鳴き声** カアーカアー、アーアーアー

羽

初列風切

### 見分けるポイント

| 時 期 |
|---|
| 1月 |
| 2月 |
| 3月 |
| 4月 |
| 5月 |
| 6月 |
| 7月 |
| 8月 |
| 9月 |
| 10月 |
| 11月 |
| 12月 |

**生息地**
●街中・公園・林・森・野原・農地・田・川・低山・亜高山・湖沼・海

**大きさ**
●約55cm

**色**
●黒色

**特徴**
全身真っ黒でクチバシが太い。ハシボソガラスに比べ頭が出っ張っている

鳴き声・QRコード

　よく街中で見かけるカラスは、ハシブトガラスとハシボソガラスの2種類。ハシブトガラスは、鳴き声がはっきりしており、ぴょんぴょんと飛び跳ねるように歩く。都心の繁華街に多く、人々が出したゴミをあさって餌を探す雑食性。ゴミを散らかすことが社会問題になり、害鳥ともいわれる。マツやスギなどの幹に近い枝の上に、木の枝で巣をつくる。ハンガーやビニール紐を使うことも。秋冬は、公園内の林などに集団でねぐらを形成する。

身近にいる鳥 ◀◀◀ 014

にごった声で「ガァー、ガァー」
# ハシボソガラス

ハシボソガラス　スズメ目カラス科

**鳴き声** 🔊 ガァーガァーガァー

羽

初列風切

　都心近郊や農村、海岸に幅広く生息し、都市部ではあまり見られない。頭を上下に振りながら「ガァーガァー」と鳴き、きちんと足を交互に動かしながら歩く。黒い体が光の加減によって光沢がかかった青紫色に見える。雑食性で、昆虫や腐肉、残飯、農作物などを食べる。繁殖期には、つがいで高木の上に木の枝で巣をつくる。秋冬は、集団をつくって林をねぐらとするが、ハシブトガラスの群れに混ざっていることもある。

鳴き声・QRコード

## 見分けるポイント

| 生息地 | 時期 |
|---|---|
| ●街中・公園・林・森・野原・農地・田・川・低山・湖沼 | 1月 |
| | 2月 |
| | 3月 |
| **大きさ** | 4月 |
| ●約50cm | 5月 |
| | 6月 |
| **色** | 7月 |
| ●黒色 | 8月 |
| **特徴** | 9月 |
| 全身黒く、クチバシが細い。頭も出っ張っていないためスマートな顔つき | 10月 |
| | 11月 |
| | 12月 |

015 ▶▶▶ 身近にいる鳥

## 人が多い場所を好む
# ムクドリ

ムクドリ　スズメ目ムクドリ科

**鳴き声** **キュルキュル、ジャージャー**

羽　初列風切

### 見分けるポイント

| 時期 |
|---|
| 1月 |
| 2月 |
| 3月 |
| 4月 |
| 5月 |
| 6月 |
| 7月 |
| 8月 |
| 9月 |
| 10月 |
| 11月 |
| 12月 |

**生息地**
●街中・公園・林・野原・農地・田・川・低山

**大きさ**
●約24cm

**色**
●灰黒色

**特徴**
頭は黒色で、頬に白斑、体は灰褐色、クチバシと足は橙色、腰は白色

全国的に生息する鳥であるが、九州以南では少なく、寒地のものは冬に暖地へ移動する。人家の雨戸の戸袋や、軒下の隙間などに巣をつくる。冬になると道路のケヤキ等の大きな街路樹に大規模な集団ねぐらを形成する。この鳥もスズメやツバメと同様に人々が生活している場所を好む。そのため、糞害や鳴き声による騒音など社会問題をひきおこしている。地面や土の中のミミズや昆虫を捕食する。群れで地面をつつきながら歩きまわる。

鳴き声・QRコード

## 巧 Takumi の鳥・撮りコラム①

見慣れたハクセキレイも、朝もやの立つ絶好の舞台で、主演"鳥"優に

## 「見慣れたはずの"あの鳥"が…」

　私が1991年に野鳥撮影を始めてから、いろいろな鳥と出会い、いろいろな撮影をしてきました。このコラムでは、野鳥撮影を通して感じていることや、エピソードをお話しします。

　近郊でもよく見かける野鳥、ハクセキレイ。身近にいすぎて、あまりカメラを向けられることがありません。ただ、そんなハクセキレイも、シチュエーションしだいでは絶好の被写体に様変わり。冬の早朝、水と空気の温度差から多摩川に朝もやが立つことがあります。そこに1羽の可愛らしいハクセキレイが。朝日に照らされた朝もやのスクリーンを背景に、少し引いた画で、ハクセキレイを撮ることができました。

　野鳥撮影を本格的に始めようと思っている人の憧れのレンズが、600mmの超望遠レンズです。私も、もちろん使ったことがあり、その描写と被写体に迫る臨場感に満足していました。今は個人的に引いた写真を撮ることが多いこともあって、400mmと500mmの望遠レンズを持っています。どうしても、もっと寄った写真を撮りたいときに便利なのが、レンズに取り付けて倍率を変えられるテレコンバータやデジスコ（本書P34）です。

　ビデオ用の雲台も、あると便利です。滑らかにカメラを動かすことができるので、動きのある鳥を追いながら撮影することができます。Takumi流の撮影グッズ選択術、参考にしてみては？

# 第2章
# 里山にいる鳥

林・草原・丘陵地など、
身近な里山に生息している野鳥。
ちょっとしたピクニック気分で観察ができます。

▲ キジバト

## ●里山にいる鳥チェックリスト

- ☐ カケス
- ☐ シメ
- ☐ オジロビタキ
- ☐ ホオジロ
- ☐ コガラ
- ☐ エナガ
- ☐ ツグミ
- ☐ シロハラ
- ☐ ノゴマ
- ☐ ヒレンジャク
- ☐ キレンジャク
- ☐ アカモズ
- ☐ チゴモズ
- ☐ ヒバリ
- ☐ アオゲラ
- ☐ アカゲラ
- ☐ キジ
- ☐ コジュケイ
- ☐ キジバト
- ☐ アオバズク
- ☐ オオタカ
- ☐ チョウゲンボウ
- ☐ サシバ

016 ▶▶▶ 里山にいる鳥

## 林の中から「ジェッジェッ」
# カケス

カケス　スズメ目カラス科

鳴き声 )) ピェー、ジェッジェッ

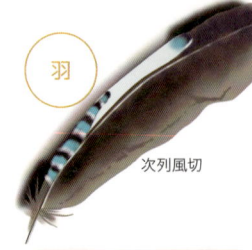

羽　次列風切

### 見分けるポイント

| 時期 |
|---|
| 1月 |
| 2月 |
| 3月 |
| 4月 |
| 5月 |
| 6月 |
| 7月 |
| 8月 |
| 9月 |
| 10月 |
| 11月 |
| 12月 |

**生息地**
●公園・林・森・低山・亜高山

**大きさ**
●約33cm

**色**
●茶色

**特徴**
茶褐色の体、白黒水色の3色からなる翼、ごま塩をふりかけたような頭が特徴

鳴き声・QRコード

　低山から亜高山まで、さまざまな林で繁殖するが、針葉樹の林に多く見られる。ドングリなどの木の実を好み、木の枝の上で、足とクチバシを使いながら上手に割って中身を食べる。また、採ったドングリを落葉の下や土の中に埋めて隠し、冬の餌が少なくなる時期に蓄える（貯食行動）。他の鳥や動物の鳴き声の真似をし、なかには人の声真似をする個体もいる。北海道にいるカケス（亜種ミヤマカケス）は、体形は同じだが、頭が赤茶色。

里山にいる鳥 ◀◀◀ 017

## 堅い殼も割ってしまうクチバシ
# シメ

シメ　スズメ目アトリ科

**鳴き声** )) チッ、チチッ、チッ

羽

初列風切

　日本では、少数が北海道で夏鳥として繁殖しており、多くは本州以南に冬鳥として飛来する。春秋の渡りのときには群れをつくるが、冬は単独でいることが多い。エノキやカエデなどの落葉広葉樹を好み、街中の公園や緑地、郊外では庭木などで見られる。樹上や地上で草木の種子を好んで食べているが、繁殖期には昆虫を食べることもある。頑丈なクチバシをもち、堅い殼も簡単に割ってしまうほどの力がある。深い波状を描いて飛んでいく姿が特徴的なのだが、大きな声で鳴くわけではないので、あまり目立たない鳥である。

### 見分けるポイント

| 生息地 |
|---|
| ●街中・公園・林・森・低山 |

| 大きさ |
|---|
| ●約18cm |

| 色 |
|---|
| ●茶色 |

| 特徴 |
|---|
| 大きく短いクチバシ。目から喉にかけて黒色、体は茶褐色 |

| 時期 | |
|---|---|
| 北海道 | 本州以南 |
| 1月 | 1月 |
| 2月 | 2月 |
| 3月 | 3月 |
| 4月 | 4月 |
| 5月 | 5月 |
| 6月 | 6月 |
| 7月 | 7月 |
| 8月 | 8月 |
| 9月 | 9月 |
| 10月 | 10月 |
| 11月 | 11月 |
| 12月 | 12月 |

## 日本では希少な冬鳥
# オジロビタキ

オジロビタキ　スズメ目ヒタキ科

鳴き声 ))) （地鳴き）ティティティティ

### 見分けるポイント

| 時期 |
|---|
| 1月 |
| 2月 |
| 3月 |
| 4月 |
| 5月 |
| 6月 |
| 7月 |
| 8月 |
| 9月 |
| 10月 |
| 11月 |
| 12月 |

**生息地**
●公園・林

**大きさ**
●約11cm

**色**
●灰色

**特徴**
体は灰褐色。尾羽は黒褐色で両側基部は白色。オスの喉は橙色クチバシは黒っぽい

インドや東南アジア、中国などで越冬し、ユーラシア大陸の亜寒帯で広く繁殖する。ごく少数が冬の間に旅鳥として日本に渡来し、全国各地で観察されている。平地から山地の、落葉広葉樹のある明るい林にいる。非常に小さく一見コサメビタキのように見えるが、尾羽外側が白いのは、オジロビタキだけである。

枝に止まっているときに尾を上にピンと上げる独特のポーズが可愛らしい。昆虫類、クモ類、木の実などを食べる。

鳴き声・QRコード

里山にいる鳥 ◀◀◀ **018**

オスはクチバシの下から喉にかけての橙色が特徴

キビタキやオオルリのメスに似ているが、それらより小さい

019 ▶▶▶ 里山にいる鳥

## 野鳥の代名詞
# ホオジロ

ホオジロ　スズメ目ホオジロ科

羽 — 三列風切

鳴き声 )) **チョッチュリッ、チリッピ（聞きなし）一筆啓上仕り候、源平つつじ白つつじ**

### 見分けるポイント

| 時期 | |
|---|---|
| 寒地 | 暖地 |
| 1月 | 1月 |
| 2月 | 2月 |
| 3月 | 3月 |
| 4月 | 4月 |
| 5月 | 5月 |
| 6月 | 6月 |
| 7月 | 7月 |
| 8月 | 8月 |
| 9月 | 9月 |
| 10月 | 10月 |
| 11月 | 11月 |
| 12月 | 12月 |

**生息地**
● 街中・公園・林・野原・農地・田・川・低山

**大きさ**
● 約16cm

**色**
● 茶色

**特徴**
名前のとおり頬に白色斑。飛ぶと尾の両側の白色線が見える

鳴き声・QRコード

本州、四国、九州では留鳥として一年を通して見ることができるが、寒冷地のものは温暖な地域に移動する。草地のやぶや低い木が点在する場所に生息するが、街中の公園でも見られる。オスの顔がはっきりとした白と黒の斑があるのに対して、メスは全体的に茶褐色の印象が強い。よくさえずる種で、さえずりの節回しが個体によって微妙に違い、1つの個体が様々な鳴き方をする。繁殖期には昆虫を食べ、秋冬はイネ科などの草の種子を食べる。

里山にいる鳥 ◀◀◀ 020

## 小柄なコガラ
# コガラ

コガラ　スズメ目シジュウカラ科

**鳴き声** 》 コーキーコーキー、ピッツツピーピッツツピー

羽

初列風切

　北海道、本州、四国、九州の山林など比較的標高の高い地域で留鳥として一年を通して見ることができる。北海道では平地の林でも見ることができる。また、冬になると低地の公園にもあらわれる。とてもすばしっこく、常に動き回っている。木の幹や枝に止まっても、幹や枝の中にいる虫を探したり、ほじくり出したりと忙しく、じっと枝に止まっている姿はあまり見られない。シジュウカラ、ヒガラなど他のカラ類と混群をつくる。

鳴き声・QRコード

### 見分けるポイント

**生息地**
- 公園・林・森・低山・亜高山

**大きさ**
- 約12cm

**色**
- 灰色

**特徴**
黒色の頭部。目から下は白色。クチバシの下は黒色。脇はやや褐色

| 時期 |
|---|
| 1月 |
| 2月 |
| 3月 |
| 4月 |
| 5月 |
| 6月 |
| 7月 |
| 8月 |
| 9月 |
| 10月 |
| 11月 |
| 12月 |

021 ▶▶▶ 里山にいる鳥

## マシュマロのような体
# エナガ

エナガ　スズメ目エナガ科

鳴き声 ))) **ジュリジュリジュリ、チチチッ**

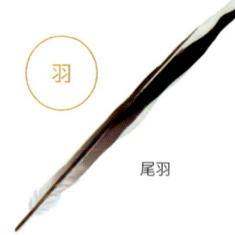

羽

尾羽

### 見分けるポイント

| 時期 | |
|---|---|
| 1月 | |
| 2月 | |
| 3月 | |
| 4月 | |
| 5月 | |
| 6月 | |
| 7月 | |
| 8月 | |
| 9月 | |
| 10月 | |
| 11月 | |
| 12月 | |

**生息地**
● 公園・林・森・野原・川・低山

**大きさ**
● 約13cm

**色**
● 白黒

**特徴**
マシュマロに尾っぽをつけたような体型。尾は長い。頭上は白色、眉斑は黒色

鳴き声・QRコード

北海道、本州、四国、九州で留鳥として一年を通して見ることができる。都市部でも公園の林などで見られる。北海道でよく見られるのは、顔が真っ白い、亜種のシマエナガ。冬は数十羽の群れで行動している。コケや枯れ草をクモの糸で接着させて巣をつくるため、まだ寒い早春から繁殖が可能。繁殖期には、子育てをしているつがいに加えて、親鳥ではない個体がヘルパーとして給餌を行うことがある。餌はアブラムシや虫の卵。

秋冬には他のカラ類やメジロ、コゲラなどと混群をつくることもある

体長の約半分を占める長い尾が特徴

## 冬鳥の代名詞
# ツグミ

ツグミ　スズメ目ツグミ科

**鳴き声** 🔊 **クイッ、クイッ**

(羽) 次列風切

### 見分けるポイント

| 時期 |
|---|
| 1月 |
| 2月 |
| 3月 |
| 4月 |
| 5月 |
| 6月 |
| 7月 |
| 8月 |
| 9月 |
| 10月 |
| 11月 |
| 12月 |

**生息地**
● 街中・公園・林・野原・農地・田・川・低山

**大きさ**
● 約24cm

**色**
● 茶色

**特徴**
太く長い白色の眉。腹は白色地に黒色の魚の鱗模様。茶色の羽

冬鳥として日本全国に渡来する。低地から山林まで様々なところにいて、農地など比較的開けた場所でも見られる。胸の黒斑は個体によって濃さが違う。夏季に、シベリアからカムチャツカ半島にかけての地域で繁殖する。地面で採餌をする様子が面白い。跳ねるように歩いては、胸を張って姿勢良く止まる。歩いては止まるをくり返しながら、ミミズや昆虫を捕らえる。その様子はまるで「だるまさんが転んだ」の遊びのようである。

鳴き声・QRコード

## 警戒心が強い
# シロハラ

シロハラ　スズメ目ツグミ科

**鳴き声** 🔊 ツピッ、ツツツツピッ

初列風切

冬鳥として関東甲信越以南に多く渡来する。積雪のある地域は好まず、厳寒期は積雪の少ない地域に渡る。中国、ロシア沿海地方の大陸で繁殖する。日本でも数は少ないが、繁殖の記録がある。森や暗い林の中を好み、開けたところには出てこない。木の枝などに止まっている姿も、あまり見ることができない。茂みの中の地面で落葉の下にいるミミズや昆虫を採餌する。木の実も食べる。とても警戒心が強く、すぐ逃げる。

鳴き声・QRコード

### 見分けるポイント

| 生息地 |
|---|
| ●公園・林・森・低山 |

| 大きさ |
|---|
| ●約24cm |

| 色 |
|---|
| ●茶褐色 |

| 特徴 |
|---|
| 体は茶褐色。頭、尾は黒褐色、尾羽の先両側に白斑。目の周りは黄色 |

**時期**: 1月／2月／3月／4月／10月／11月／12月

024 ▶▶▶ 里山にいる鳥

## 野にいるコマドリ
# ノゴマ

ノゴマ　スズメ目ツグミ科

**鳴き声** )) ヒョロリ、ヒョロリー、ヒー、ヒョロロヒーヨ

羽

初列風切

### 見分けるポイント

| 時 期 |
|---|
| 1月 |
| 2月 |
| 3月 |
| 4月 |
| 5月 |
| 6月 |
| 7月 |
| 8月 |
| 9月 |
| 10月 |
| 11月 |
| 12月 |

**生息地**
- 野原・湿原・低山・亜高山・高山

**大きさ**
- 約15cm

**色**
- オリーブ褐色

**特徴**
オスの喉の赤色斑紋。白色の眉。クチバシの基部から頸部へ向かう白色斑

鳴き声・QRコード

　夏の北海道を代表する鳥である。渡りの時期には、日本海側の島や、街中の公園にも、立ち寄る姿が観察されることもある。北海道の海岸に近い草原から、ハイマツがある高山帯まで、幅広く生息している。基本的には草の多いところを好む。ノゴマという名は、野に生息するコマドリからついた。姿や鳴き声は、まったくコマドリに似ていないが、地面付近で生活し、昆虫などを捕食したり物陰に潜みがちな部分は共通。

里山にいる鳥 ◀◀◀ 025

## 糞で種まき
# ヒレンジャク

ヒレンジャク　スズメ目レンジャク科

**鳴き声** 🔊 ヒーヒーヒー

羽

尾羽

　冬鳥として沖縄県以北に渡来するが、渡来数が、年によって大きく変化する。ヤドリギやピラカンサなどの実を好んで食べる。ヤドリギの実を食べると、粘りのある糞とともにその種を排出する。この糞が、木々の幹や枝にはりつき、再びヤドリギが芽吹く。ヒレンジャクとヤドリギは、持ちつ持たれつの関係。ヒレンジャクは常に群れで行動し、群れの数は数羽から数百羽になることもある。キレンジャクと混群することもある。

鳴き声・QRコード

### 見分けるポイント

| 生息地 | 時期 |
|---|---|
| ●街中・公園・林・森・低山 | 1月 |
| | 2月 |
| **大きさ** | 3月 |
| ●約17cm | 4月 |
| | 5月 |
| **色** | 6月 |
| ●赤紫がかった淡褐色 | 7月 |
| | 8月 |
| **特徴** | 9月 |
| 長い冠羽。冠羽の先端まである黒色過眼線。次列風切と尾羽の先端が赤色 | 10月 |
| | 11月 |
| | 12月 |

026 ▶▶▶ 里山にいる鳥

## ヒレンジャクにそっくり
# キレンジャク

キレンジャク　スズメ目レンジャク科

**鳴き声** )))　チリリチリリチリリ

羽／初列風切

### 見分けるポイント

| 時期 |
|---|
| 1月 |
| 2月 |
| 3月 |
| 4月 |
| 5月 |
| 6月 |
| 7月 |
| 8月 |
| 9月 |
| 10月 |
| 11月 |
| 12月 |

**生息地**
●街中・公園・林・森・低山

**大きさ**
●約19cm

**色**
●赤紫がかった淡褐色

**特徴**
長い冠羽。冠羽の先端まで達しない黒色過眼線。尾羽先端は黄色

鳴き声・QRコード

　冬鳥として、沖縄県以北に渡来する。年によって渡来数が大きく変化する。大きさや姿がヒレンジャクにとても似ているが、羽の形状と尾の先端の色が違う。生態もほぼ同じだが、地域によって両種の比率が異なる。以前は日本各地でふつうに見られた。地名にある「連雀」は、レンジャクからつけられたものである。常に群れで行動し、数羽から数百羽という群れになることもある。ヒレンジャクと混群することが多い。

里山にいる鳥 ◀◀◀ 027

## 赤褐色の希少なモズ
# アカモズ

アカモズ　スズメ目モズ科

**鳴き声** 》）ギチギチギチギチ

羽
尾羽

北海道、本州、四国、九州に夏鳥として渡来するが、北海道には多く、西日本では少ない。草原や森林、山地まで広い範囲に生息する。モズと同様、早贄(はやにえ)を行う習性がある。同じ環境を好むことから、モズと縄張り争いをすることもある。攻撃性は強い。生息地などの開発で、近年、生息数が著しく減少していて、簡単に出会うことがなくなってきた鳥である。南西諸島では亜種シマアカモズが多く観察される。

鳴き声・QRコード

### 見分けるポイント

| 生息地 | 時期 |
|---|---|
| ●林・森・野原・低山 | 5月 / 6月 / 7月 / 8月 / 9月 |

**大きさ**
●約20cm

**色**
●赤茶色

**特徴**
鋭く曲がったクチバシ。頭から尾まで赤褐色。黒色過眼線。額、喉から腹は白色

028 ▶▶▶ 里山にいる鳥

## モズより太いクチバシ

# チゴモズ

チゴモズ　スズメ目モズ科

**鳴き声** )) **ジジジジジジッ**

### 見分けるポイント

| 時期 |
|---|
| 1月 |
| 2月 |
| 3月 |
| 4月 |
| 5月 |
| 6月 |
| 7月 |
| 8月 |
| 9月 |
| 10月 |
| 11月 |
| 12月 |

**生息地**
●林・低山

**大きさ**
●約17cm

**色**
●灰色、茶褐色

**特徴**
鋭く曲がった太いクチバシ。頭は灰色。黒色過眼線。背中は茶褐色。喉から腹は白色

　本州中部から東北地方に、夏鳥として渡来する。ユーラシア大陸北東部や中国北東部で繁殖する。明るい雑木林の中を好む。つがいで縄張りをもち、オスは強い声で鳴いて縄張りを宣言する。食性はモズと同様、早贄（はやにえ）も行う。モズより少し小さく、クチバシは少し太い。昆虫を空中で捕食したり、地上にいる昆虫や小動物をついばんだりする。モズやアカモズより林の奥の方を好むことに加え、近年の森林開発に伴い、生息数が著しく減少し、なかなか出会うことができなくなってきている。

里山にいる鳥 ◀◀◀ 029

## 美しい鳴き声、地味な体
# ヒバリ

ヒバリ　スズメ目ヒバリ科

**鳴き声** ))) ピチュル、ピチュル、ピチュル、ピー

羽

尾羽

　本州、四国、九州では留鳥として一年を通して見られる。北海道では夏鳥として生息する。春になると、風上に向かって飛びながらさえずる姿をよく見かけることがある。かろやかな音色の声から綺麗な姿を想像してしまうが、とても地味な色合いである。背の低い牧草地などに生息し、地上の草の実や昆虫を食べる。ひなが敵に襲われそうになると、親鳥が傷を負っているようなしぐさをして敵をひきつける「擬傷」という行動をとる。

鳴き声・QRコード

### 見分けるポイント

**生息地**
● 川辺・農地・田・川

**大きさ**
● 約17cm

**色**
● 黄褐色

**特徴**
頭の短い冠羽。飛びながらかろやかな声でさえずる。体は黄褐色

| 時　期 | |
|---|---|
| 北海道 | 本州以南 |
| | 1月 |
| | 2月 |
| | 3月 |
| 4月 | 4月 |
| 5月 | 5月 |
| 6月 | 6月 |
| 7月 | 7月 |
| 8月 | 8月 |
| 9月 | 9月 |
| 10月 | 10月 |
| | 11月 |
| | 12月 |

## 日本にしかいないキツツキ
# アオゲラ

アオゲラ　キツツキ目キツツキ科

鳴き声 ))) ピョーピョーピョー

羽

次列風切

### 見分けるポイント

| 時 期 |
|---|
| 1月 |
| 2月 |
| 3月 |
| 4月 |
| 5月 |
| 6月 |
| 7月 |
| 8月 |
| 9月 |
| 10月 |
| 11月 |
| 12月 |

生息地
- 公園・林・森・低山

大きさ
- 約29cm

色
- 緑色

特徴
長く鋭いクチバシ。緑色の翼と背中。頭は赤色。腹は灰色で黒色の横斑

鳴き声・QRコード

　本州、四国、九州で、留鳥として一年を通して見ることができる。日本にだけ生息する鳥で、日本を訪れた海外のバードウォッチャーにとても人気がある。森や林の中を好み、本州中部以南の常緑広葉樹林でよく見られる。街中や都心でも、公園など林があるところでは見ることができる。他のキツツキ同様、ドラミング（P.57参照）を行う。わかりやすい声。主に木の中にいる幼虫や、地上のアリ、植物の実を食べる。

写真のオスは額から後頭部にかけて赤いが、メスは後頭部のみが赤。クチバシも長いが舌も長い。幹の中にいる虫を食べる。

031 ▶▶▶ 里山にいる鳥

## キツツキの代名詞
# アカゲラ

アカゲラ　キツツキ目キツツキ科

**鳴き声** 🔊 キョッ、キョッ、キョッ

羽

次列風切

### 見分けるポイント

| 時期 |
|---|
| 1月 |
| 2月 |
| 3月 |
| 4月 |
| 5月 |
| 6月 |
| 7月 |
| 8月 |
| 9月 |
| 10月 |
| 11月 |
| 12月 |

**生息地**
- 林・森・低山・亜高山

**大きさ**
- 約23cm

**色**
- 白、黒、赤色

**特徴**
背中の白色斑。頭は黒色で、後頭部が赤色。下腹から尾の裏が赤色

鳴き声・QRコード

　本州、北海道で留鳥として一年を通して見ることができる。アオゲラと同じく、木の幹を叩いて音を出すドラミングをする。アオゲラよりも警戒心が強い。首をのばして8の字を描くように振る、「ディスプレイ」と呼ばれる行動をとることがある。キツツキの仲間は、二本の足でガッチリと樹皮をつかみ、尾羽先端を幹に押しつけて体を支えて木の幹に止まる。オオアカゲラに似ているが、オオアカゲラには背中の逆ハの字の白色斑はない。

里山にいる鳥 ◀◀◀ **031**

雛へ食べさせる虫を運ぶ親鳥。長いクチバシと長い舌で、幹から器用に虫を捕る

背中の逆ハの字の白色斑が見分けるポイント

085

# 真っ赤な顔で「ケーン、ケーン」
## キジ

キジ　キジ目キジ科

羽 — 尾羽

**鳴き声** 🔊 ケーンケーン（ドドド）

### 見分けるポイント

| 時期 |
|---|
| 1月 |
| 2月 |
| 3月 |
| 4月 |
| 5月 |
| 6月 |
| 7月 |
| 8月 |
| 9月 |
| 10月 |
| 11月 |
| 12月 |

**生息地**
- 林・野原・農地・川

**大きさ**
- オス　約80cm
- メス　約60cm

**色**
- 緑色、灰色

**特徴**
尾が長い。頭、首、胸、腹が緑色。背中、尾は灰色。顔は赤色でハート型

鳴き声・QRコード

　本州、四国、九州で留鳥として一年を通して見ることができる。日本の国鳥に指定され、旧一万円札の裏面に載っていた鳥。低地から山地にかけての林や農地などで見られる。縄張りを宣言するときは、ただ「ケーンケーン」と鳴くだけではなく、「ドドドド」と大きな音をだしながら激しく羽ばたく。また、オス同士が激しい縄張り争いをするため、取っ組合いのけんかをする姿を見ることもできる。地上で種子や昆虫を採食する。

里山にいる鳥 ◀◀◀ **032**

メスは全体的に黄褐色地に黒褐色の紋。尾も短い

狩猟用に、日本各地に放鳥されている

033 ▶▶▶ 里山にいる鳥

ちょっとこい、ちょっとこい
# コジュケイ

コジュケイ　キジ目キジ科

羽　次列風切

**鳴き声** )) チョトーコイ、チョトーコイ（聞きなし）ちょっとこい

## 見分けるポイント

| 時期 |
|---|
| 1月 |
| 2月 |
| 3月 |
| 4月 |
| 5月 |
| 6月 |
| 7月 |
| 8月 |
| 9月 |
| 10月 |
| 11月 |
| 12月 |

生息地
● 林・野原・農地

大きさ
● 約27cm

色
● 橙色

特徴
眉斑、上胸は青灰色。頬から下は赤褐色。腹は黄橙色。ウズラに似た姿

鳴き声・QRコード

本州から九州にかけて、積雪の少ない太平洋沿岸と伊豆諸島に、留鳥として生息する。1919年に狩猟用の鳥として、東京都や神奈川県に放鳥されたものが野生化したとされている。帰化鳥であり、中国東南部原産。鳴き声が「ちょっとこい、ちょっとこい」と言っているように聞こえる。カルガモのように子供を何羽も引き連れて、草むらや林の中を歩いている姿が見られる。餌は主に植物の種子や芽、昆虫類やクモ類を食べることもある。

# 里山にいる鳥 ◀◀◀ 034

## ドバトとまちがえないで
# キジバト

キジバト　ハト目ハト科

**鳴き声** 🔊 デデッ、ポッポー

羽

次列風切

　本州、四国、九州では留鳥として、北海道では夏鳥として見ることができる。木の枝に止まり、デデッポッポーと鳴く。別名ヤマバトとも呼ばれ、昔は山に生息していた。羽のうろこ模様が特徴的。1970年代ころから、次第に街中に下りてくるようになり、雑木林や街路樹、公園の木々など街中でも見られる。公園や駅にいる鳩の多くはドバトで、キジバトではない。ドバトは群れでいるのに対して、キジバトはつがいでいることが多い。

鳴き声・QRコード

### 見分けるポイント

| 生息地 |
|---|
| ●街中・公園・林・野原・農地・川・低山 |

| 大きさ |
|---|
| ●約33cm |

| 色 |
|---|
| ●灰褐色 |

| 特徴 |
|---|
| 体はぶどう色がかった灰褐色。羽には赤褐色と灰色のうろこ模様 |

#### 時期

| 北海道 | 本州以南 |
|---|---|
|  | 1月 |
|  | 2月 |
|  | 3月 |
| 4月 | 4月 |
| 5月 | 5月 |
| 6月 | 6月 |
| 7月 | 7月 |
| 8月 | 8月 |
| 9月 | 9月 |
| 10月 | 10月 |
| 11月 | 11月 |
|  | 12月 |

035 ▶▶▶ 里山にいる鳥

## 樹の番人
# アオバズク

アオバズク　フクロウ目フクロウ科

**鳴き声** ホーホー、ホーホー

羽
次列風切

### 見分けるポイント

| 時期 |
|---|
| 1月 |
| 2月 |
| 3月 |
| 4月 |
| 5月 |
| 6月 |
| 7月 |
| 8月 |
| 9月 |
| 10月 |
| 11月 |
| 12月 |

**生息地**
● 街中・公園・林

**大きさ**
● 約29cm

**色**
● 焦茶色

**特徴**
フクロウの仲間。体全体が黒褐色。腹は白地に黒褐色斑。黄色の大きな目

　北海道、本州、四国、九州に、夏鳥として渡来する。奄美、沖縄では留鳥として見ることができる。頭は丸く、足が黄色い。羽角がない。フクロウの仲間に多い顔盤もない。神社、寺、屋敷林などの、幹が太く大きな木の穴に営巣をする。夜行性の鳥で、辺りが暗くなる夕暮れ時から活動を始め、昆虫を主に捕食する。「ホーホー、ホーホー」と2音連続して鳴く。ほとんど目をつぶっているが、たまに黄色い目を開けて辺りを見渡す。まるで、森の番人のようである。新緑の青葉が茂る時期にやってくる梟（ズク）なので、その名がついた。

巣立ったばかりの2羽の雛。親鳥は巣立ち後数日間は、雛の近くにいるが、だんだんと離れていく

大きく張りだした胸部と、腹部の黒褐色斑が特徴的

036 ▶▶▶ 里山にいる鳥

## 生態系の頂点に君臨する野鳥
# オオタカ

オオタカ　タカ目タカ科

**鳴き声** キッキッケッケ

羽

初列風切

### 見分けるポイント

| 時　期 |
|---|
| 1月 |
| 2月 |
| 3月 |
| 4月 |
| 5月 |
| 6月 |
| 7月 |
| 8月 |
| 9月 |
| 10月 |
| 11月 |
| 12月 |

**生息地**
●街中・公園・林・森・田・川・低山・湖沼

**大きさ**
● オス　約50cm
　メス　約56cm

**色**
● 青灰色

**特徴**
頭から背、尾、翼の上面が青灰色。胸、腹は白地に灰黒色横斑。黄色の目

　本州、四国、九州で留鳥として一年を通して見ることができる。生態系の頂点に君臨する鳥。オオタカが生息していれば、その辺りはきちんと生態系が維持されている、と言われている。大規模開発工事などの環境アセスメントの指標になっている。カモやサギが一斉に慌しく飛び立ったら、獲物を狙うオオタカを観察できる可能性がある。保護が盛んに行われているが、はく製や鷹狩に使うための密猟も後を絶たない。

鳴き声・QRコード

里山にいる鳥 ◀◀◀ **036**

翼を広げると1m以上にもなる。はばたきと滑降を繰り返し、直線的に飛ぶ

川に飛び込み、ダイサギを捕らえた瞬間。鳥類のほか、ウサギやネズミなども捕食する

**037 ▶▶▶ 里山にいる鳥**

## ハヤブサの仲間
# チョウゲンボウ

チョウゲンボウ　タカ目ハヤブサ科

**鳴き声** キィキィキィキィ

羽／尾羽

### 見分けるポイント

| 時期 | |
|---|---|
| 寒地 | 暖地 |
| 1月 | 1月 |
| 2月 | 2月 |
| 3月 | 3月 |
| 4月 | 4月 |
| 5月 | 5月 |
| 6月 | 6月 |
| 7月 | 7月 |
| 8月 | 8月 |
| 9月 | 9月 |
| 10月 | 10月 |
| 11月 | 11月 |
| 12月 | 12月 |

**生息地**
● 街中・公園・野原・農地・田・川・低山・海

**大きさ**
● オス　約30cm
● メス　約33cm

**色**
● 茶色

**特徴**
顔は青灰色。尾は青灰色、先端に黒色横帯。背中は褐色

鳴き声・QRコード

　北海道、本州中部、北部では、留鳥として一年を通して見ることができる。それ以外の地域では冬鳥として生息する。ハヤブサの仲間。ホバリングで空中静止し、急降下して地面にいる獲物を狙う。ネズミなどの小動物、小鳥を捕食する。本来、断崖などの岩場に巣をつくっていたが、最近では鉄橋、鉄塔、ビルなど人工構造物にも営巣するようになった。長野県中野市の十三崖には、国指定天然記念物に指定された集団繁殖地がある。

草むらにいるネズミを捕らえた。周囲が安全ならば、捕らえた獲物はその場で食べる。

## 田んぼのタカ
# サシバ

サシバ　タカ目タカ科

鳴き声 ))) ピックィー

羽　初列風切

### 見分けるポイント

| 時期 |
|---|
| 1月 |
| 2月 |
| 3月 |
| **4月** |
| **5月** |
| **6月** |
| **7月** |
| **8月** |
| **9月** |
| 10月 |
| 11月 |
| 12月 |

**生息地**
- 林・森・田・低山

**大きさ**
- 約49cm

**色**
- 茶色

**特徴**
クチバシは黄色で先が黒。体は褐色。喉は白色。胸、腹は白色と褐色の斑模様

鳴き声・QRコード

　本州、四国、九州に夏鳥として渡来する。丘陵地に隣接する田んぼや、山間部の棚田などのような環境を好む。また、高い木のてっぺんに止まって自分の縄張りを見張る。特に産卵期には、縄張り内に別の個体が侵入すると、羽をパタパタさせて飛ぶ排他行動をとる。「ピックィー」と甲高い声で鳴きながら飛ぶ。
　カエル、ヘビ、トカゲなどのほか、昆虫類を捕食する。オスは、空中で急降下と急上昇を繰り返すことで、メスに求愛する。

## 巧の鳥・撮りコラム② Takumi

野鳥はデリケート。できる限り気づかれないようにすることが大事です

## 「"撮らない"という決断も大切」

オオタカと聞くと、切り立った崖のある深い山にいそうなイメージを持つ方も多いかもしれません。実は意外と身近にいる鳥です。2008年の12月、多摩川でダイサギを撮っていたところ、「バシャンッ」という音。あわてて音のした上流を振り向くと、そこにはダイサギを捕まえたオオタカの姿が。ダイサギを掴んだまま、流されていくオオタカ。目の前を通り過ぎたときに、やっと私に気づいたようで、あわてて翼で水をかき、対岸まで泳いでいきました。

当然食べるものと思い、しばらく遠くからファインダー越しに眺めていましたが、何を思ったか、せっかく捕らえたダイサギを置いて対岸に飛んでいきました。それなりの距離を保っていたものの、私の存在を意識して、食べなかったのかもしれません。

鳥は基本的に警戒心の強い生き物です。シャッターチャンスに出会うために、夜明け前から「ブラインド」と呼ばれる、鳥から姿を隠すための簡易テントを張って、じっと待つこともあります。一度でも存在を知られてしまうと、もうその日一日、親鳥は戻ってきません。営巣放棄など環境を損ねてしまうようなら、"撮らない"という決断も大切です。ブラインドが立っていたらその前では撮影しないようにするなど、お互いの思いやりで、野鳥の環境も守られていくのです。

# 第3章
# 野山にいる鳥

渓谷・雑木林・山…、
少し足を伸ばして本格的な野鳥観察が可能です。

▲ ホオアカ

## ●野山にいる鳥チェックリスト

- [ ] ホシガラス
- [ ] ニュウナイスズメ
- [ ] ウソ
- [ ] イカル
- [ ] マヒワ
- [ ] アトリ
- [ ] コムクドリ
- [ ] アオジ
- [ ] クロジ
- [ ] ノジコ
- [ ] ミヤマホオジロ
- [ ] ホオアカ
- [ ] ゴジュウカラ
- [ ] ヒガラ
- [ ] ヤマガラ
- [ ] オオルリ
- [ ] キビタキ
- [ ] サンコウチョウ
- [ ] キクイタダキ
- [ ] カシラダカ
- [ ] メボソムシクイ
- [ ] センダイムシクイ
- [ ] ヤブサメ
- [ ] コヨシキリ
- [ ] セッカ
- [ ] トラツグミ
- [ ] クロツグミ
- [ ] アカハラ
- [ ] マミジロ
- [ ] コルリ
- [ ] ルリビタキ
- [ ] ノビタキ
- [ ] コマドリ
- [ ] カヤクグリ
- [ ] イワヒバリ
- [ ] ミソサザイ
- [ ] カワガラス
- [ ] サンショウクイ
- [ ] ビンズイ
- [ ] キセキレイ
- [ ] イワツバメ
- [ ] クマゲラ
- [ ] ヨタカ
- [ ] アカショウビン
- [ ] ブッポウソウ
- [ ] アオバト
- [ ] ライチョウ
- [ ] カッコウ
- [ ] ホトトギス
- [ ] ツツドリ
- [ ] ジュウイチ
- [ ] フクロウ
- [ ] イヌワシ
- [ ] ツミ
- [ ] オオコノハズク
- [ ] オオジシギ

## 針葉樹林に住むカラス
# ホシガラス

ホシガラス　スズメ目カラス科

**鳴き声** ガーッ、ガーッ

羽

尾羽

### 見分けるポイント

| 時　期 |
|---|
| 1月 |
| 2月 |
| 3月 |
| 4月 |
| 5月 |
| 6月 |
| 7月 |
| 8月 |
| 9月 |
| 10月 |
| 11月 |
| 12月 |

**生息地**
- 低地・亜高山帯・高山

**大きさ**
- 約34cm

**色**
- 黒褐色

**特徴**
カラスのように真っ黒ではない。黒褐色の体に白色斑。翼の先は黒色

　九州以北の森林などに住む小型の鳥で留鳥、漂鳥として一年を通して見ることができる。主に針葉樹林を好んで生息。木の実が熟す秋には、亜高山帯にあるハイマツ林によく現れる。冬に向けて、実をのど袋に蓄えて枯れ木のへこみや岩陰に貯蔵する習性があり、ハイマツの種子散布に役立っている。地上や樹を移動しながらハイマツやブナの実、昆虫類などを食べる。まだ雪の残る春に繁殖が始まるため、雛にとっては食べ物が少ない。そこで親鳥は貯蔵した木の実を掘り出し、雛に与えるのだ。

水を飲みにやってき
たホシガラス。愛嬌
のある顔が可愛い

同じカラスでも体が
黒くないだけでガ
ラッとイメージが変
わる

040 ▶▶▶ 野山にいる鳥

## 森のスズメ
# ニュウナイスズメ

ニュウナイスズメ　スズメ目ハタオリドリ科

**鳴き声** )) **チュイッ、チュイッ、チュン**

羽

三列風切

### 見分けるポイント

| 時期 | |
|---|---|
| 寒地 | 暖地 |
| 1月 | 1月 |
| 2月 | 2月 |
| 3月 | 3月 |
| 4月 | 4月 |
| 5月 | 5月 |
| 6月 | 6月 |
| 7月 | 7月 |
| 8月 | 8月 |
| 9月 | 9月 |
| 10月 | 10月 |
| 11月 | 11月 |
| 12月 | 12月 |

**生息地**
● 林・森・野原・農地・田・低山

**大きさ**
● 約14cm

**色**
● 赤茶色

**特徴**
スズメと違い頬の黒色斑が無い。頭、背中は赤茶色。スズメより赤色っぽい

鳴き声・QRコード

　北海道、本州北部、中部で夏鳥として繁殖し、冬になると本州西部、四国、九州、沖縄に移動する。スズメが人のいるところで生息するのに対し、ニュウナイスズメは主に森林などに生息している。木の洞やキツツキの古巣、巣箱などを使って営巣する。コゲラなどの巣を横取りしようとして、喧嘩することも。夏から秋にかけて、イネ科の未熟な実を食べて農業被害をもたらす。オスは頭から上面が赤栗色、メスは色が全体的に薄く、眉斑がある。

# とぼけた顔で口笛を吹く

## ウソ

ウソ　スズメ目アトリ科

**鳴き声** 》 フィッ、フィッ、フィッ

羽　次列風切

　北海道、本州北部、中部で、留鳥や漂鳥として見られる。北海道では低地、本州では亜高山帯の針葉樹林で繁殖し、冬になると平地に降りてくる。オスは頬から喉が赤色、喉の赤くない、色が少し褐色がかった灰色のものはメス。複数のつがいが隣り合って群れで繁殖し、群れの意思伝達のためによく鳴く。鳴き声が、とぼけて知らないふりをして「嘯く(うそぶく)」ときに吹く口笛の音に似ているので、その名がついたといわれる。

鳴き声・QRコード

### 見分けるポイント

**生息地**
- 公園・林・森・低山・亜高山・高山

**大きさ**
- 約15cm

**色**
- 灰色、赤色

**特徴**
頭から目にかけて黒色。頬から喉は赤色。体は灰色。ずんぐりした体つき

**時期**

| 寒地 | 暖地 |
|---|---|
| 1月 | 1月 |
| 2月 | 2月 |
| 3月 | 3月 |
| 4月 | 4月 |
| 5月 | 5月 |
| 6月 | 6月 |
| 7月 | 7月 |
| 8月 | 8月 |
| 9月 | 9月 |
| 10月 | 10月 |
| 11月 | 11月 |
| 12月 | 12月 |

## 駅で見かけるマスコット
# イカル

イカル　スズメ目アトリ科

**鳴き声** 🔊 **コキコキー、キココキー、ケッケッ**

次列風切

### 見分けるポイント

| 時期 | |
|---|---|
| 寒地 | 暖地 |
| 1月 | 1月 |
| 2月 | 2月 |
| 3月 | 3月 |
| 4月 | 4月 |
| 5月 | 5月 |
| 6月 | 6月 |
| 7月 | 7月 |
| 8月 | 8月 |
| 9月 | 9月 |
| 10月 | 10月 |
| 11月 | 11月 |
| 12月 | 12月 |

**生息地**
●公園・林・森・低山

**大きさ**
●約23cm

**色**
●灰色

**特徴**
黄色の太く大きなクチバシ。頭のてっぺんと顔が黒色。体は灰色。翼は羽先が黒と白

鳴き声・QRコード

　北海道、本州、四国、九州では留鳥もしくは漂鳥として見ることができる。山地の落葉広葉樹林を好むが、街中の公園などでも見られることがある。一年を通してきれいな声でさえずり、はっきりした節で聞き取りやすい。小鳥は各つがいで繁殖することが多いが、イカルは、数10mの範囲内で、つがいの群れで行動をともにする。木の実や果実を好み、繁殖期には昆虫も食べる。また、駅の売店で知られるキヨスクのマスコットになっている鳥でもある。

野山にいる鳥◀◀◀ **042**

大きな黄色いクチバシに黒いマスクをかぶったようなユニークな顔

好物の木の実を見つけたようだ。さっそく独り占め。大きなクチバシで木の実を割って食べる

# 043 ▶▶▶ 野山にいる鳥

## きれいな黄色で愛らしい
## マヒワ

マヒワ　スズメ目アトリ科

**鳴き声** 》》 **ジュイーンジュイーン、ジュクジュクジュク**

羽

尾羽

### 見分けるポイント

| 時期 |
|---|
| 1月 |
| 2月 |
| 3月 |
| 4月 |
| 5月 |
| 6月 |
| 7月 |
| 8月 |
| 9月 |
| 10月 |
| 11月 |
| 12月 |

**生息地**
● 林・野原・川・低山・亜高山・湖沼

**大きさ**
● 約12cm

**色**
● 黄色

**特徴**
オスは下腹の脇に黒縦線。メスは頭が緑灰色、下面は黄白色で縦斑が多い

鳴き声・QRコード

　北海道、本州、四国、九州、沖縄に冬鳥・漂鳥として渡来する。群れで行動していることが多い。スギやカラマツなどの木に止まり、その実をついばむ。草地でも採餌することがあり、危険を察知すると木へと飛んでいく。きれいな黄色で可愛らしく、カワラヒワとよく間違えられる。両種とも、飛んでいると黄色っぽく見えるが、マヒワのほうが、ずっと小さく黄色が鮮やか。春先、コーラスのように集団で鳴くことがある。

野山にいる鳥 ◀◀◀ 043

餌を食べるのに夢中でカメラも気にせず寄って来た

湖の辺の草むらに数十羽の群れで餌を食べている

044 ▶▶▶ 野山にいる鳥

## 黒とオレンジのコントラスト
# アトリ

アトリ　スズメ目アトリ科

**鳴き声** ビィーンビィーン、キョッキョッ

羽　初列風切

### 見分けるポイント

| 時　期 |
|---|
| 1月 |
| 2月 |
| 3月 |
| 4月 |
| 5月 |
| 6月 |
| 7月 |
| 8月 |
| 9月 |
| 10月 |
| 11月 |
| 12月 |

生息地
●林・野原・農地・田・川・低山

大きさ
●約16cm

色
●橙色

特徴
頭は灰褐色、夏のオスは黒色。背は黒色。喉、腹、脇腹は橙色

鳴き声・QRコード

　北海道、本州、四国、九州、沖縄に冬鳥として渡来する。渡来してすぐは亜高山帯で群れて行動するが、徐々に標高が低い方へ移動する。渡来数が極端に多くなる年があり、一つの群れで何万羽になることもある。黒と橙のコントラストがきれいで可愛らしい。メスはオスに比べて橙色が淡い。『日本書紀』には天武7(676)年「12月、𫛚子鳥（あとり）が天を覆って、西南より東北に飛ぶ」という記述がある。ナナカマドなど、木の実を食べる。

野山にいる鳥 ◀◀◀ 045

## 赤い頬が愛くるしい
# コムクドリ

コムクドリ　スズメ目ムクドリ科

**鳴き声** 🔊 ジュジュッ、キリキリビューイ

(羽) 次列風切

　北海道、本州北部、中部に夏鳥として渡来する。本州では山地や森林に、北海道では街中にも生息している。キツツキの古巣、木の洞、建物の屋根などに営巣する。白っぽい顔に、恥ずかしがっているかのように頬が赤い。たまにムクドリの集団ねぐらに交じって行動する個体がいる。9月頃に、平地で、ムクドリの群れの中に色が違う個体を見つけたら、それはコムクドリかもしれない。カラムクドリにもよく似ている。

鳴き声・QRコード

### 見分けるポイント

| 生息地 |
|---|
| ●林・森・野原・農地・低山 |

| 大きさ |
|---|
| ●約19cm |

| 色 |
|---|
| ●白、黒 |

| 特徴 |
|---|
| 顔は白色、頬は赤色。背、翼、尾は光沢黒色。腰は白色 |

| 時期 |
|---|
| 1月 |
| 2月 |
| 3月 |
| **4月** |
| **5月** |
| **6月** |
| **7月** |
| **8月** |
| **9月** |
| 10月 |
| 11月 |
| 12月 |

109

# 冬は公園にやってくる
# アオジ

アオジ　スズメ目ホオジロ科

**鳴き声** ピピッ、チョー、チー、チョチョッ

羽／三列風切

## 見分けるポイント

| 時期 |
|---|
| 1月 |
| 2月 |
| 3月 |
| 4月 |
| 5月 |
| 6月 |
| 7月 |
| 8月 |
| 9月 |
| 10月 |
| 11月 |
| 12月 |

**生息地**
● 街中・公園・林・森・野原・川

**大きさ**
● 約16cm

**色**
● 緑灰色・黄色

**特徴**
体全体が緑灰色。目先からクチバシ周りは黒色。喉下から下尾筒は黄色

鳴き声・QRコード

　北海道、本州、四国、九州、沖縄で、留鳥や漂鳥として見られる。繁殖期は標高1000m以上の草原などに生息し、冬になると平地に降りてくる。地上を跳ねながら歩いて草の実を食べる。冬の間は、街中の公園や庭先などでも、地面に降りて落ちている種子をついばむ様子を見ることができる。ただし、警戒心が強く、すぐやぶの中に逃げ込んでしまう。鳴き声も「チッ」という小さなものに。抱卵はメスが行う。

# なかなか、やぶから出てこない
## クロジ

クロジ　スズメ目ホオジロ科

羽　初列風切

**鳴き声**)) **ホーフィーッフィーッフィィー、ホイホイ**

　北海道では夏鳥として渡来し、本州北部、中部で留鳥もしくは漂鳥として見ることができる。低山地から亜高山帯にかけて、針葉樹林やブナ林に多く生息するが、樹類よりもその地面に生い茂るやぶが重要のよう。警戒心が強く、なかなかやぶから出てこない。やぶの中のササに営巣する。主に草の種子を食べるが、昆虫やクモなども食べる。

　アオジと見間違えられることがあるがクロジの方が少し大きい。特にメスは褐色で、あまり黒っぽくない。

鳴き声・QRコード

### 見分けるポイント

| 生息地 |
|---|
| ●公園・林・森・低山・亜高山 |

| 大きさ |
|---|
| ●約17cm |

| 色 |
|---|
| ●灰黒色 |

| 特徴 |
|---|
| 体は灰黒色。背中に黒色斑。クチバシの上は黒色、クチバシの下はピンク色 |

| 時期 | |
|---|---|
| 寒地 | 暖地 |
| 1月 | 1月 |
| 2月 | 2月 |
| 3月 | 3月 |
| 4月 | 4月 |
| 5月 | 5月 |
| 6月 | 6月 |
| 7月 | 7月 |
| 8月 | 8月 |
| 9月 | 9月 |
| 10月 | 10月 |
| 11月 | 11月 |
| 12月 | 12月 |

# 048 ▶▶▶ 野山にいる鳥

## 柔らかい声からアオジと見分ける
# ノジコ

ノジコ　スズメ目ホオジロ科

(羽) 尾羽

鳴き声 ))) **ヒョッヒョロヒョロチュージェオ（聞きなし）金からかみ、金屏風**

### 見分けるポイント

| 時期 |
|---|
| 1月 |
| 2月 |
| 3月 |
| 4月 |
| 5月 |
| 6月 |
| 7月 |
| 8月 |
| 9月 |
| 10月 |
| 11月 |
| 12月 |

生息地
- 低山帯

大きさ
- 約14cm

色
- 黄緑色

特徴
オスは体全体が黄緑色。背中に黒色斑。白いアイリング。メスは全体に淡い色をしている

鳴き声・QRコード

　北海道、本州北部、中部に夏鳥として渡来する。繁殖地は日本だけ。山地のブナ林や沢沿いの湿原、やぶがよく茂ったところに好んで生息する。近年、数が減少傾向にあり、見られる機会も少なくなっているが、渡りの時期には、街中の公園などで見られることもある。市街地でもやぶがあれば姿を見ることは可能だ。地面に落ちている種子や昆虫類の幼虫などを食べる。お気に入りの木の枝に止まり、柔らかく大きな声でさえずる。

野山にいる鳥 ◀◀◀ 049

## 虎縞の顔が目を引く
# ミヤマホオジロ

ミヤマホオジロ　スズメ目ホオジロ科

**鳴き声** 》)) （地鳴き）**チッチッ**

羽

尾羽

### 見分けるポイント

| 生息地 |
|---|
| ●公園・林・森・低山 |

| 大きさ |
|---|
| ●約15cm |

| 色 |
|---|
| ●黄色、茶色 |

| 特徴 |
|---|
| 黒色冠羽。オスは眉斑と喉が鮮やかな黄色で目立つ。メスは頭部が褐色で、オスに比べて淡い |

| 時　期 |
|---|
| 1月 |
| 2月 |
| 3月 |
| 4月 |
| 5月 |
| 6月 |
| 7月 |
| 8月 |
| 9月 |
| 10月 |
| 11月 |
| 12月 |

　本州、四国、九州、沖縄で冬鳥として渡来し、西日本に多く生息する。平地や低山地の林など、やぶの多いところを好む。郊外でも見ることができる。頭の上から黒、黄、黒、黄と、顔の色のコントラストが鮮やか。メスは色が薄い。少数の群れで行動をし、カシラダカの群れに交じることもある。

# 050 ▶▶▶ 野山にいる鳥

## 赤い頬がトレードマーク
## ホオアカ

ホオアカ　スズメ目ホオジロ科

**鳴き声** ))) **チュルルルル、チョビ**

羽

次列風切

### 見分けるポイント

| 時期 | |
|---|---|
| 寒地 | 暖地 |
| 1月 | 1月 |
| 2月 | 2月 |
| 3月 | 3月 |
| 4月 | 4月 |
| 5月 | 5月 |
| 6月 | 6月 |
| 7月 | 7月 |
| 8月 | 8月 |
| 9月 | 9月 |
| 10月 | 10月 |
| 11月 | 11月 |
| 12月 | 12月 |

**生息地**
● 野原・農地・田・川・低山

**大きさ**
● 約16cm

**色**
● 茶色

**特徴**
ホオジロに似ているが、頬は赤色。胸には黒と赤褐色の横帯

鳴き声・QRコード

　北海道、本州北部、中部に留鳥・渡鳥として生息する。関東より西で越冬する。頬が赤いことから、その名がついた。決まった木の、お気に入りの枝でさえずるが、ホオジロによく似ているので注意が必要だ。繁殖期にはつがいで縄張りを持つが、繁殖期以外は1羽か小群で生活する。草地や低い木で採餌し、特にイネ科の乾いた種子を好む。冬には、田んぼなどで採餌している姿を見ることも。繁殖期は昆虫類や幼虫を捕らえ、雛に与える。

アゴが外れるのではと心配になるくらい大きな口を開けてさえずる。ここはお気に入り場所。いなくなってもしばらくたつと戻って来た

# 051 ▶▶▶ 野山にいる鳥

## 鋭いつめで走り回る森の忍者
## ゴジュウカラ

ゴジュウカラ　スズメ目ゴジュウカラ科

**鳴き声** ))) フィーフィーフィーフィー

羽　初列風切

### 見分けるポイント

| 時期 |
|---|
| 1月 |
| 2月 |
| 3月 |
| 4月 |
| 5月 |
| 6月 |
| 7月 |
| 8月 |
| 9月 |
| 10月 |
| 11月 |
| 12月 |

**生息地**
- 低山帯、亜高山

**大きさ**
- 約13cm

**色**
- 灰色

**特徴**
日本で唯一、木の幹を逆さになって動きまわる種。黒色過眼線。背中は青灰色。喉から腹は白色

鳴き声・QRコード

　北海道、本州、四国、九州で留鳥として見られる。北海道では、平地でも見ることができる。長い指で体重を分散させ、長く鋭いツメを木に引っかけ、幹を縦横無尽に走り回る。鋭いクチバシを使い、キツツキのように樹皮を突いて剥がし、隠れている昆虫を探しだす。昆虫類・クモ類を主食とするが、種子や果実も食べる。餌を幹の割れ目などに蓄える貯食行動も行う。他のカラ類やコゲラなどの群れに交ざることもある。

頭を下に向けた独特のポーズが有名。このまま幹を降りる唯一の鳥

キツツキやキバシリは尾羽で体を支えるがゴジュウカラは脚のみ

## 警戒心が弱く近くまでくることも
# ヒガラ

ヒガラ　スズメ目シジュウカラ科

(羽) 次列風切

**鳴き声** ))) ツピ、ツピ、ツピ、ツピ

### 見分けるポイント

| 時期 ||
|---|---|
| 平地 | 山地 |
| 1月 | 1月 |
| 2月 | 2月 |
| 3月 | 3月 |
| 4月 | 4月 |
| 5月 | 5月 |
| 6月 | 6月 |
| 7月 | 7月 |
| 8月 | 8月 |
| 9月 | 9月 |
| 10月 | 10月 |
| 11月 | 11月 |
| 12月 | 12月 |

**生息地**
●低山・亜高山・高山

**大きさ**
●約11cm

**色**
●灰色

**特徴**
喉、頭は黒色、短い冠羽。背中は灰色。頬は大きく白色。シジュウカラのようなネクタイはない

鳴き声・QRコード

　全国的に、留鳥もしくは漂鳥として見られる。低山地から亜高山帯の森林で繁殖し、冬は針葉樹林に生息する。カラ類の中で一番小さく、動きが素早い。オスメス同色で尾羽は短く、先がへこんでいる。木の穴に営巣し、キツツキの巣穴なども使用する。昆虫類を主食とするが、針葉樹の種子、ブナの種子も食べる。ゴジュウカラと同じように幹の割れ目などに蓄える貯食行動も行う。他のカラ類と混群をつくって行動することが多い。

野山にいる鳥 ◀◀◀ 053

## 森の芸達者
# ヤマガラ

ヤマガラ　スズメ目シジュウカラ科

**鳴き声** )) ツーツーフィーツツフィー、ニィニィニィ

羽

尾羽

　全国的に、留鳥として見ることができる。クチバシが強く、木の実をくわえて枝に叩きつけ、殻を割って中身を食べる。カシ、ハシバミ、ナラなどの固い実を好む。繁殖期には、縄張りをもって分散し、盛んにさえずって縄張り争いをする。人に慣れるのも早く、昔から人々に親しまれてきた。今ではあまり見かけないが、お金をくわえて鳥居をくぐり、お賽銭箱にお金を入れておみくじを引く「ヤマガラのおみくじ引き」という芸もあった。

鳴き声・QRコード

### 見分けるポイント

| 生息地 |
|---|
| ●公園・林・森・低山 |

| 大きさ |
|---|
| ●約14cm |

| 色 |
|---|
| ●橙色 |

| 特徴 |
|---|
| 腹と後ろ襟が橙色。頭、喉は黒色。鼻から頬は白色。頭の頂から後頭にかけて淡黄色のライン |

| 時期 |
|---|
| 1月 |
| 2月 |
| 3月 |
| 4月 |
| 5月 |
| 6月 |
| 7月 |
| 8月 |
| 9月 |
| 10月 |
| 11月 |
| 12月 |

# 054 ▶▶▶ 野山にいる鳥

## ゴージャスな瑠璃色、美しい声
## オオルリ

オオルリ　スズメ目ヒタキ科

**鳴き声** 》 フィーフィーフィーフィー、ジジッ（舌うち）チッチッジジッ

羽

尾羽

### 見分けるポイント

| 時期 | |
|---|---|
| 1月 | |
| 2月 | |
| 3月 | |
| 4月 | ●|
| 5月 | ●|
| 6月 | ●|
| 7月 | ●|
| 8月 | ●|
| 9月 | ●|
| 10月 | ●|
| 11月 | |
| 12月 | |

**生息地**
- 山地・渓流

**大きさ**
- 約16cm

**色**
- 瑠璃色

**特徴**
オスは頭、背中、尾まで瑠璃色。喉、胸は黒色。腹は白色。メスは上面が淡褐色

鳴き声・QRコード

　北海道、本州、四国、九州で夏鳥として渡来する。渓谷や沢地などの周辺の森林に生息する。渡りの時期には、街中の公園に立ち寄った姿も見かけられる。オスはきれいな瑠璃色なのに対し、メスは褐色で、コルリに似ている。見通しのいい高い木の天辺で、きれいな声を出してさえずる。その姿も美しく。バードウォッチャーには大人気の鳥。渓流の岩場や崖地などに、コケを使って巣を作る。ウグイス・コマドリとともに日本三鳴鳥のひとつ。

野山にいる鳥 ◀◀◀ 054

高い木のてっぺんがお気に入り。声が聞こえたら木のてっぺんを探す

後ろから見ると、ほぼ青一色。枝先から飛び出し、空中で虫を捕らえる

121

055 ▶▶▶ 野山にいる鳥

## 野山のアイドル
# キビタキ

キビタキ　スズメ目ヒタキ科

鳴き声 )))　ホキョリン、チーチチチ、チーチチチ（聞きなし）ソフトクリーム、ちょっと来い（戦いの声）ブンブンビリビリ

羽

腰羽

### 見分けるポイント

| 時期 |
|---|
| 1月 |
| 2月 |
| 3月 |
| 4月 |
| 5月 |
| 6月 |
| 7月 |
| 8月 |
| 9月 |
| 10月 |
| 11月 |
| 12月 |

（4月〜10月が該当）

生息地
●公園・森・低山

大きさ
●約14cm

色
●黄色、黒色

特徴
オスは眉斑、喉の橙色から腹が黄色。黒色の背に大きな白色斑。メスは全体的に褐色

鳴き声・QRコード

　北海道、本州、四国、九州で夏鳥として渡来する。沖縄では留鳥として見られる。渡りの時期には市街地でも見られる。オスは黄色が鮮やかだが、メスは褐色。オス同士、鋭い羽音やクチバシを鳴らす音で、縄張りを争う。飛んでいる昆虫類を空中で捕らえる姿から、「フライングキャッチャー」と英名がついている。日本名の由来は、黄色い鶲（ヒタキ）。この鳥も美しい色彩と鳴き声で、オオルリと並んで人気が高い。

野山にいる鳥◀◀◀ 055

美しいコントラスト
が魅力的

秋、都内の公園で出
会ったキビタキ。注
意深く探せばキビタ
キに会えるかもしれ
ない

## 056 ▶▶▶ 野山にいる鳥

またの名を「天国の馬」
# サンコウチョウ

サンコウチョウ　スズメ目ヒタキ科

**鳴き声** )))　ホイホイホイ、ホイホイホイ（聞きなし）月日星ホイホイホイ

羽
尾羽

### 見分けるポイント

| 時期 | |
|---|---|
| 1月 | |
| 2月 | |
| 3月 | |
| 4月 | ■ |
| 5月 | ■ |
| 6月 | ■ |
| 7月 | ■ |
| 8月 | ■ |
| 9月 | ■ |
| 10月 | |
| 11月 | |
| 12月 | |

**生息地**
●森・低山・亜高山

**大きさ**
●オス　約44cm
　メス　約17cm

**色**
●紫味のある褐色

**特徴**
非常に長い尾羽。コバルトブルーのアイリングとクチバシ。メスは尾が短い

　本州北部、四国、九州、沖縄に夏鳥として渡来する。渡りの時期には街中の公園でも立ち寄った姿を見かけることもある。長い尾と青いアイリングが特徴。樹木が薄暗い森の中を好む。「月、日、星、ホイホイホイ」と鳴くことから、三つの光の鳥で「サンコウチョウ」と名がついた。メスもオスと同様にさえずる。子育てが終わると、オスの長い尾はメスのように短くなる。キビタキと同じように、飛んでいる昆虫類を空中で捕らえる。

鳴き声・QRコード

野山にいる鳥 ◀◀◀ 056

巣に入ると中央の尾羽2枚が長く飛び出してしまう

キスをしているのかな？とても微笑ましい

# 057 ▶▶▶ 野山にいる鳥

## 菊の花のような頭
# キクイタダキ

キクイタダキ　スズメ目ウグイス科

**鳴き声** チーツリリッ

羽

次列風切

### 見分けるポイント

| 時期 | |
|---|---|
| 低山平地 | 高山 |
| 1月 | 1月 |
| 2月 | 2月 |
| 3月 | 3月 |
| 4月 | 4月 |
| 5月 | 5月 |
| 6月 | 6月 |
| 7月 | 7月 |
| 8月 | 8月 |
| 9月 | 9月 |
| 10月 | 10月 |
| 11月 | 11月 |
| 12月 | 12月 |

**生息地**
● 市街地・林・山地

**大きさ**
● 約10cm

**色**
● オリーブ色

**特徴**
非常に小さい。頭の上が黄色くオスは赤い色が隠れる。体はオリーブ褐色で羽先に模様

鳴き声・QRコード

　北海道では夏鳥として渡来し、本州北部、中部で、留鳥もしくは漂鳥として見られる。冬は市街地の公園でも見られることがある。日本で一番小さな鳥で、体重も6gほど。頭の上の黄色い部分が菊の花に似ているため、「菊戴（キクイタダキ）」と名がついた。黄色の中に隠れている橙色の羽は、なかなか見ることができない。木の梢近くの枝先で、翼を細かく羽ばたかせて一点に留まる飛び方が特徴的。葉の前で虫を捕食する。

# 野山にいる鳥 ◀◀◀ 058

## 「頭高」だからカシラダカ

# カシラダカ

カシラダカ　スズメ目ホオジロ科

**鳴き声** ))) ピュロロピィーピュイー

羽

三列風切

　本州、四国、九州、沖縄で冬鳥として渡来する。北海道でも、まれに見られる。ユーラシア大陸で繁殖し、日本では青森県で繁殖の記録がある。やぶの多いところを好み、郊外で林のある公園などでも見られる。地面に落ちている種子や昆虫類などを食べる。群れで行動をし、ときには数百羽の規模にもなる。群れにミヤマホオジロが交じることもある。冠羽があり、頭が少し高くなっていることから、「頭高（カシラダカ）」と名がついた。

鳴き声・QRコード

### 見分けるポイント

| 生息地 |
|---|
| ●川辺・農耕地・林 |

| 大きさ |
|---|
| ●約15cm |

| 色 |
|---|
| ●茶色 |

| 特徴 |
|---|
| 黒色冠羽。眉斑と喉が白色。目から頬は黒色。冬羽は黒色が薄く褐色になる |

| 時期 |
|---|
| 1月 |
| 2月 |
| 3月 |
| 4月 |
| 5月 |
| 6月 |
| 7月 |
| 8月 |
| 9月 |
| 10月 |
| 11月 |
| 12月 |

059 ▶▶▶ 野山にいる鳥

## 繁殖力の秘密は一夫多妻制？
# メボソムシクイ

メボソムシクイ　スズメ目ウグイス科

羽　次列風切

**鳴き声** )) チョリチョリチョリチョリチョリチョリ（聞きなし）銭取り、銭取り

### 見分けるポイント

| 時期 |
|---|
| 1月 |
| 2月 |
| 3月 |
| 4月 |
| **5月** |
| **6月** |
| **7月** |
| **8月** |
| **9月** |
| **10月** |
| 11月 |
| 12月 |

**生息地**
●亜高山・高山の林

**大きさ**
●約13cm

**色**
●緑褐色

**特徴**
頭から尾までオリーブ褐色。黄色みを帯びた眉斑。足は褐色、胸の下にも薄い褐色

　北海道、本州北部、中部、四国に夏鳥として渡来する。渡りの時期には、低地林でも立ち寄った姿を見かけることもある。亜高山帯の針葉樹林に生息する。エゾムシクイと住む環境はよく似るが、微妙にすみわけが異なる。餌の捕り方は低い木や、やぶで葉についている昆虫に飛びついて捕らえる。一夫多妻の可能性もあり、繁殖力は旺盛。ムシクイは外見だけでは判断しにくく、鳴き声を聞き分けて識別するのが確実である。

鳴き声・QRコード

野山にいる鳥 ◀◀◀ 060

## 「焼酎一杯グイ」と聞こえたら
# センダイムシクイ

センダイムシクイ　スズメ目ヒタキ科

羽

次列風切

**鳴き声** 🎵 チヨチヨジー、チョチョチョジー（聞きなし）焼酎一杯グイー

　北海道、本州、四国、九州に夏鳥として渡来する。低山の落葉広葉樹林に生息し、北海道では平地林で見ることができる。茂みが好き。木の枝や葉にいる昆虫類を捕食する。飛んでいる虫を捕まえることはしない。草の根元、崖の窪みに横穴式の巣をつくり、ツツドリに托卵先にされることもある。さえずりは「焼酎一杯グイ（しょうちゅういっぱいぐい）」や「鶴千代君（つるちよぎみ）」などと表現される。

鳴き声・QRコード

### 見分けるポイント

| 生息地 |
|---|
| ●林・低山 |

| 大きさ |
|---|
| ●約12cm |

| 色 |
|---|
| ●緑褐色 |

| 特徴 |
|---|
| 灰緑色の頭に灰色の央線。体は黄色みがかった緑褐色。ウグイスに似た体形 |

| 時期 |
|---|
| 4月 |
| 5月 |
| 6月 |
| 7月 |
| 8月 |
| 9月 |
| 10月 |

## 061 ▶▶▶ 野山にいる鳥

### やぶに降る雨のような声
# ヤブサメ

ヤブサメ　スズメ目ウグイス科

**鳴き声** ))) シシシシシシシ

羽

初列風切

### 見分けるポイント

| 時期 |
|---|
| 1月 |
| 2月 |
| 3月 |
| 4月 |
| 5月 |
| 6月 |
| 7月 |
| 8月 |
| 9月 |
| 10月 |
| 11月 |
| 12月 |

**生息地**
- 低山

**大きさ**
- 約11cm

**色**
- 茶色

**特徴**
体は茶色。腹は薄い褐色。薄い褐色の眉斑。尾は短く上げぎみ

鳴き声・QRコード

北海道、本州、四国、九州は屋久島まで夏鳥として渡来する。やぶに降る雨のような特徴のあるさえずりで、名前の由来はそこからきている。東日本よりも、西日本で多く見られ、雑木林やスギ林など、ササが生い茂っている暗い林に生息している。やぶの中にいることが多く、なかなか出てこないので見るのが難しい。他のムシクイよりも地表近くに生息し、地面近くの昆虫類を捕食する。林の中の草や木の根元、地面に椀形の巣を作る。

野山にいる鳥 ◀◀◀ 062

## コヨシキリ

黒い眉と黄色い口。すずめより小さい

コヨシキリ　スズメ目ウグイス科

鳴き声 ))) **キョッ、キョッ、ギョギョシ、ギョギョシ**

羽／尾羽

北海道、本州に夏鳥として渡来する。水辺のヨシ原を好んで生息するが、オオヨシキリとの競合を避けるため、乾いた草原にも多く、繁殖の時期もやや遅い。ヨシやススキなどの1本の茎の高い部分に両足で縦につかんで止まる。主食は昆虫類、草原を飛び回り捕食する。あまり人を恐れず、2～3m近くに寄られても縄張りを主張してさえずっている。椀形の巣作りや子育てはメスの仕事。繁殖期のオスのさえずりは長時間になる。

鳴き声・QRコード

### 見分けるポイント

| 生息地 |
|---|
| ●野原・田・川・湿原 |

| 大きさ |
|---|
| ●約13cm |

| 色 |
|---|
| ●オリーブ褐色 |

| 特徴 |
|---|
| 体はオリーブ褐色。白色眉斑の上に細い黒い線。腹は白色。オオヨシキリより小さい |

| 時期 |
|---|
| 1月 |
| 2月 |
| 3月 |
| 4月 |
| 5月 |
| 6月 |
| 7月 |
| 8月 |
| 9月 |
| 10月 |
| 11月 |
| 12月 |

# 063 ▶▶▶ 野山にいる鳥

## トックリのような巣を作る。一夫多妻の鳥
# セッカ

セッカ　スズメ目ウグイス科

**鳴き声** ))) ヒッヒッヒッ、チャッチャッチャッチャッ

羽 — 尾羽

### 見分けるポイント

| 時期 | |
|---|---|
| 寒地 | 暖地 |
| 1月 | 1月 |
| 2月 | 2月 |
| 3月 | 3月 |
| 4月 | 4月 |
| 5月 | 5月 |
| 6月 | 6月 |
| 7月 | 7月 |
| 8月 | 8月 |
| 9月 | 9月 |
| 10月 | 10月 |
| 11月 | 11月 |
| 12月 | 12月 |

**生息地**
- 野原・農地・田・川・湖沼

**大きさ**
- 約12cm

**色**
- 黄褐色

**特徴**
ヒッヒッ、チャッチャと鳴きながら飛ぶ。体は黄褐色に黒色の縦斑。尾羽先端が白色

鳴き声・QRコード

　本州、四国、九州、沖縄で留鳥または渡鳥として見ることができる。平地から山地の草原や田んぼ、川原に生息する。2本の茎を脚でつかみ、大きく開いて止まる姿を見ることができる。一夫多妻で繁殖をするため、縄張りの範囲が広い。鳴きながら飛び回り自分の縄張りを巡回する。オスは草むらの中の地面から低い位置にクモの巣の糸と枯れ草を使って巣を作り、メスを呼び寄せる。餌は、昆虫類やクモを捕食する。背に黒い縦斑がある。

野山にいる鳥 ◀◀◀ **063**

巣立ったばかりの雛鳥。黄色いうぶ毛が可愛らしい

お腹を空かせた雛のために捕ったバッタ

## 064 ▶▶▶ 野山にいる鳥

### 怪鳥鵺(ぬえ)の正体
# トラツグミ

トラツグミ　スズメ目ツグミ科

**鳴き声** 🔊 ヒー、ヒョー、ヒー

羽 — 次列風切

### 見分けるポイント

| 時期 | |
|---|---|
| 寒地 | 暖地 |
| 1月 | 1月 |
| 2月 | 2月 |
| 3月 | 3月 |
| 4月 | 4月 |
| 5月 | 5月 |
| 6月 | 6月 |
| 7月 | 7月 |
| 8月 | 8月 |
| 9月 | 9月 |
| 10月 | 10月 |
| 11月 | 11月 |
| 12月 | 12月 |

**生息地**
● 公園・林・森・低山・亜高山

**大きさ**
● 約29cm

**色**
● 黄色

**特徴**
全身が黄褐色に黒色鱗斑。ヒョー、ヒョーと不気味な鳴き声

鳴き声・QRコード

　北海道には夏鳥として渡来する。本州北部、中部、四国では留鳥もしくは漂鳥として見ることができる。丘陵地の林や、低山地の森に生息するが、トラ柄のツグミであることから『トラツグミ』と名がついた。日本で見られるツグミでは最大。餌はミミズ、昆虫類、木の実など。夜になると森の中から不気味な鳴き声が聞こえることから、昔は怪鳥鵺(ぬえ)と呼ばれ、『古事記』『万葉集』にも登場し、不吉な凶鳥として人々に気味悪がられていた。

野山にいる鳥 ◀◀◀ 065

### 森のものまね王
# クロツグミ

クロツグミ　スズメ目ツグミ科

**鳴き声** ))) キョロンキョロンキョロン、ホフィーイフホフィー

羽

初列風切

　北海道、本州、四国、九州に夏鳥として渡来する。少数ではあるが、西日本で越冬することもある。渡りの時期には街中の公園や市街地でさえずりが聞かれることもある。平地の森林から低山地の林に生息する。地面を飛び跳ねながら歩き、地面を突き落葉の下にいる昆虫類やミミズなどを捕食する。色々な鳥の鳴き声を真似てさえずるので、複数の鳥が鳴いているかのような聞き応えのある鳴き声。木の枝に、コケ、枝、土を使って巣を作る。

鳴き声・QRコード

### 見分けるポイント

| 生息地 | 時 期 |
|---|---|
| ●雑木林・低山地 | 1月 |
| **大きさ** | 2月 |
| ●約21cm | 3月 |
| **色** | 4月 |
| ●黒色 | 5月 |
| **特徴** | 6月 |
| オスは上面が黒色。メスは淡い黒褐色。腹は白に斑。アイリングとクチバシ、足は黄色 | 7月 |
| | 8月 |
| | 9月 |
| | 10月 |
| | 11月 |
| | 12月 |

135

# 066 ▶▶▶ 野山にいる鳥

## 季語は夏。短歌や俳句によく歌われる
## アカハラ

アカハラ　スズメ目ツグミ科

**鳴き声** 🎵 キョロン、キョロン、ツリー

羽 — 次列風切

### 見分けるポイント

| 時期 | |
|---|---|
| 寒地 | 暖地 |
| 1月 | 1月 |
| 2月 | 2月 |
| 3月 | 3月 |
| 4月 | 4月 |
| 5月 | 5月 |
| 6月 | 6月 |
| 7月 | 7月 |
| 8月 | 8月 |
| 9月 | 9月 |
| 10月 | 10月 |
| 11月 | 11月 |
| 12月 | 12月 |

**生息地**
- 公園・林・低山・亜高山

**大きさ**
- 約23cm

**色**
- 橙色、褐色

**特徴**
胸から腹側面にかけて橙色。腹の中央は白色。メスは全体に淡い

鳴き声・QRコード

　北海道、本州北部、中部に夏鳥として渡来する。冬になると、関東、西日本、四国、九州、沖縄に移動し、越冬をする。橙色の腹から『アカハラ』と名がついた。平地の林から山地の森林に生息する。単独で行動することが多く、群れになるのは渡りの時くらい。落葉をかき分けて昆虫類やミミズなどを捕食するほか木の実なども食べる。オス・メスともに頭から上面は緑灰褐色。アカコッコ、マミチャジナイに似ている。

野山にいる鳥 ◀◀◀ 066

オスは繁殖期にコズ
エなどでさえずる

マミチャジナイとの
違いは白い眉斑がな
いこと

137

# 067 ▶▶▶ 野山にいる鳥

## 白色の眉斑が目印
## マミジロ

マミジロ　スズメ目ツグミ科

**鳴き声** )) キョロン、キョロン、チュピー

羽

初列風切

### 見分けるポイント

| 時　期 |
|---|
| 1月 |
| 2月 |
| 3月 |
| 4月 |
| 5月 |
| 6月 |
| 7月 |
| 8月 |
| 9月 |
| 10月 |
| 11月 |
| 12月 |

生息地
- 林・低山

大きさ
- 約23cm

色
- 黒色

特徴
体全体の黒色に白色の太い眉。メスはオリーブ褐色で下面にうろこ模様

鳴き声・QRコード

　4月下旬から5月下旬にかけて北海道、本州北部、中部、関東に夏鳥として渡来する。越冬は東南アジアまで南下。関東、中部では山地に生息しているが、北海道、東北では平地の林にも生息する。山の中を歩いていると突然出会うことがある。明け方や夕方の薄暗いときにさえずる。昼間はあまり鳴かないので、その姿を見つけるのは難しい。地上でミミズなどを捕る。眉が白くて目立つことから『マミジロ』と名がついた。

## オオルリのコンパクトサイズ
# コルリ

コルリ　スズメ目ツグミ科

**鳴き声** 》))　チッチッチッヒンカララララ、チッチッチッヒリリリリ

羽　　初列風切

北海道、本州中部、北部に夏鳥として渡来する。低山地から亜高山帯の、ササの生い茂った林に生息する。ササやぶの中からなかなか出てこないので、見つけるのが難しい。採餌やさえずりもやぶの中で行う。木の根元や倒木の下など、見つけにくいところに椀形の巣を作るが、ジュウイチの托卵先になることも。大きい瑠璃色の鳥だから「オオルリ」、小さい瑠璃色の鳥だから「コルリ」と名がついた。コマドリのさえずりと間違えやすい。

鳴き声・QRコード

### 見分けるポイント

| 生息地 | 時 期 |
|---|---|
| ●低山・亜高山 | |
| 大きさ | |
| ●約14cm | 4月 |
| 色 | 5月 |
| ●瑠璃色 | 6月 |
| 特 徴 | 7月 |
| オオルリを小さくした印象。頭、背中、尾まで瑠璃色。喉、腹は白色。メスは緑褐色 | 8月 |
| | 9月 |
| | 10月 |

野山にいる鳥 ◀◀◀ 068

# 069 ▶▶▶ 野山にいる鳥

## 幸せの青い鳥は野山にいた
## ルリビタキ

ルリビタキ　スズメ目ツグミ科

**鳴き声** ))) ヒュルルルルルリ（聞きなし）ルリビタキだよ

羽　三列風切

### 見分けるポイント

| 時期 | |
|---|---|
| 寒地 | 暖地 |
| 1月 | 1月 |
| 2月 | 2月 |
| 3月 | 3月 |
| 4月 | 4月 |
| 5月 | 5月 |
| 6月 | 6月 |
| 7月 | 7月 |
| 8月 | 8月 |
| 9月 | 9月 |
| 10月 | 10月 |
| 11月 | 11月 |
| 12月 | 12月 |

**生息地**
● 街中・公園・林・低山・亜高山・高山

**大きさ**
● 約14cm

**色**
● 瑠璃色

**特徴**
頭、背中、尾まで瑠璃色。脇腹は黄色。喉から腹は白色。メスは緑褐色

鳴き声・QRコード

　北海道、本州、四国では、留鳥もしくは漂鳥として見られる。冬は本州中部以南の低地や低山帯の暗いやぶにいる。個体でいることが多いが、渡りの時期には小群になる。木の根元で地面の昆虫や果実を餌とする。全身の瑠璃色と脇腹の黄色が鮮やかで、とても人気がある。冬に林の中を歩いていると、「ジッ、ジッ」と鳴きながらルリビタキが後をついてくることがあるが、人が歩いたところの、落葉の下にいる昆虫を探している。

都内の公園で出会ったルリビタキ。この鳥を初めて見た時は感動した

メスは褐色で尾羽にうっすらと青味が入る。オスの若鳥はメスにとても似ている

# 070 ▶▶▶ 野山にいる鳥

## 枝の上がお気に入り
## ノビタキ

ノビタキ　スズメ目ツグミ科

鳴き声))) ヒーヒョロヒーヒョロヒー

羽
初列風切

### 見分けるポイント

| 時期 |
|---|
| 1月 |
| 2月 |
| 3月 |
| 4月 |
| 5月 |
| 6月 |
| 7月 |
| 8月 |
| 9月 |
| 10月 |
| 11月 |
| 12月 |

生息地
●野原・農地・田・湿原・低山

大きさ
●約13cm

色
●黒色、橙色

特徴
オスの夏羽は頭、顔から尾まで黒色。胸は橙色。腹は白色

鳴き声・QRコード

北海道、本州中部、北部に夏鳥として渡来する。本州では標高の高いところ、北海道では平地でも見られる。メスは上面が黒褐色で、オスも秋にはメスのような体の色になる。背の高い草や飛び出した枝などに止まってさえずる。近くを飛んでいる昆虫類を見つけると、少し離れた位置から不意を打つように一気に迫って捕らえ、また同じところに戻る。つがいで縄張りを持ち、オスは低木の頂上に止まり美しい声でさえずる。

野山にいる鳥 ◀◀◀ 070

ニッコウキスゲの咲く
高原にいたノビタキ

巣立つ雛と餌を与え
る親鳥

# 071 ▶▶▶ 野山にいる鳥

## 日本三鳴鳥の一つ
## コマドリ

コマドリ　スズメ目ツグミ科

**鳴き声** 🔊 ヒンカラララララ

羽

尾羽

### 見分けるポイント

| 時期 |
|---|
| 1月 |
| 2月 |
| 3月 |
| 4月 |
| 5月 |
| 6月 |
| 7月 |
| 8月 |
| 9月 |
| 10月 |
| 11月 |
| 12月 |

**生息地**
●低山・亜高山

**大きさ**
●約14cm

**色**
●橙色

**特徴**
頭、顔は橙色。背中は赤褐色。腹は灰色。メスは全体的に色が鈍い

鳴き声・QRコード

　北海道、本州、四国、九州は屋久島まで夏鳥として渡来する。渓谷やササの生茂った森林に生息する。地面近くでさえずり、なかなか姿を見つけるのが難しい。さえずる声が馬のいななきのように聞こえることから、「駒鳥（コマドリ）」と名がついた。さえずる時以外はやぶに潜む。コマドリは、ウグイス、オオルリとともに日本三鳴鳥といわれている。橙色の可愛らしい姿ときれいなさえずりで、とても人気がある。

144

何か美味しいもので
も見つけたのか地面
を見つめている

着地する瞬間はまる
で踊っているかのよ
うだ

# 072 ▶▶▶ 野山にいる鳥

## 姿は地味だが優美な声
# カヤクグリ

カヤクグリ　スズメ目イワヒバリ科

**鳴き声** )) チリリリッ

羽 — 尾羽

## 見分けるポイント

| 時期 | |
|---|---|
| 高山 | 低山 |
| 1月 | 1月 |
| 2月 | 2月 |
| 3月 | 3月 |
| 4月 | 4月 |
| 5月 | 5月 |
| 6月 | 6月 |
| 7月 | 7月 |
| 8月 | 8月 |
| 9月 | 9月 |
| 10月 | 10月 |
| 11月 | 11月 |
| 12月 | 12月 |

**生息地**
- 林・低山・亜高山・高山

**大きさ**
- 約14cm

**色**
- 茶色

**特徴**
顔、背中は茶色。頭、胸、腹は黒灰色。上面に黒褐色の縦斑。クチバシは黒色

鳴き声・QRコード

　北海道、本州、四国で、留鳥・漂鳥として見られる、日本固有の鳥。夏には、亜高山帯から高山帯で繁殖し、ハイマツなどに止まってさえずる姿を見ることができる。冬になると、丘陵地や沢地などに降りてくるが、やぶの中を好んで生息するため、姿を見つけにくい。数羽の群れをつくって行動をする。餌は昆虫類、クモ、種子などで、雑食性。萱(かや)やぶの中で生活していることから、萱を潜る(カヤをクグル)となり、名がついた。

# 山登りをする時は要チェック
## イワヒバリ

イワヒバリ　スズメ目イワヒバリ科

**鳴き声** 》》 **キュル、キュル、ヒリーヒリー**

羽　尾羽

本州北部、中部で、留鳥もしくは漂鳥として見ることができる。夏は、標高の高い岩場に生息。冬は標高の低い崖や岩、石の多いところに生息する。高山の岩場や草地で繁殖を行い、警戒心が薄く、じっとしていると人前に現れることもしばしばある。また、山小屋から出る残飯なども食べるため、その周辺では比較的見つけやすい。数羽の群れを作って行動をする。求愛行為が独特で、オスは同じ群れであれば、どの雛にも給餌する。

鳴き声・QRコード

### 見分けるポイント

**生息地**
- 低山・亜高山・高山

**大きさ**
- 約18cm

**色**
- 灰色、茶色

**特徴**
頭、胸は灰色。体は茶褐色。翼に2本の白色帯。クチバシは鋭い

| 時期 | |
|---|---|
| 高山 | 低山 |
| 1月 | 1月 |
| 2月 | 2月 |
| 3月 | 3月 |
| 4月 | 4月 |
| 5月 | 5月 |
| 6月 | 6月 |
| 7月 | 7月 |
| 8月 | 8月 |
| 9月 | 9月 |
| 10月 | 10月 |
| 11月 | 11月 |
| 12月 | 12月 |

# 074 ▶▶▶ 野山にいる鳥

## 日本最小の鳥は声が大きい
# ミソサザイ

ミソサザイ　スズメ目ミソサザイ科

**鳴き声** ツィリリリリ、チャリリリリリ、ツリリリリリ

羽

次列風切

### 見分けるポイント

| 時期 |
|---|
| 1月 |
| 2月 |
| 3月 |
| 4月 |
| 5月 |
| 6月 |
| 7月 |
| 8月 |
| 9月 |
| 10月 |
| 11月 |
| 12月 |

**生息地**
- 林・低山・亜高山・渓谷

**大きさ**
- 約10cm

**色**
- 焦茶色

**特徴**

体全体が焦茶色に細かい模様。短い尾をピンと上げるポーズが特徴

鳴き声・QRコード

　北海道、本州、四国、九州で、留鳥もしくは漂鳥として見ることができる。薄暗い森林や地面に生息し、冬には平地の人家の近くでも見られることがある。渓流や沢地周辺も好む。岩や倒木の上に止まり、小さな体からは想像もつかないほど大きな声でさえずる。地面に隠れている昆虫類やクモを探して捕食する。古くから知られている鳥の一つで、古事記、日本書紀にも出てくる。キクイタダキとともに、日本で最も小さな鳥。

# カラスの仲間ではありません
# カワガラス

カワガラス　スズメ目カワガラス科

**鳴き声** ))) ビッビッ、ジョジョチチッ

羽 / 初列風切

北海道、本州、四国、九州では、留鳥として見ることができる。河川の上流から中流域にある、岩場が多い沢に生息する。幼鳥は白斑に覆われる。丸い体に短めな尾。水に潜って、水生昆虫や小魚を捕食する。川の流れに沿って、水面上を飛ぶことが多い。岩のくぼみや割れ目を利用して巣をつくるが、最近では、橋の下や水門、砂防ダムなど、コンクリート構造物の穴や隙間につくることもある。冬から繁殖を行う。川にいる黒い鳥、ということからその名がついたが、カラスの仲間ではない。

## 見分けるポイント

**生息地**
- 渓谷

**大きさ**
- 約22cm

**色**
- 焦茶色

**特徴**
体全体が焦茶色。餌を捕るため、水に潜る。足が銀灰色

**時期**: 1月〜12月

# 076 ▶▶▶ 野山にいる鳥

## スマートな直立姿勢
# サンショウクイ

サンショウクイ　スズメ目サンショウクイ科

**鳴き声** 🔊 ヒリリン、ヒリリン

### 見分けるポイント

| 時期 | |
|---|---|
| 1月 | |
| 2月 | |
| 3月 | |
| 4月 | |
| 5月 | ● |
| 6月 | ● |
| 7月 | ● |
| 8月 | ● |
| 9月 | ● |
| 10月 | |
| 11月 | |
| 12月 | |

**生息地**
●林・森・低山

**大きさ**
●約20cm

**色**
●黒色、白色

**特徴**
オスは頭から背中、過眼線が黒。額、喉から腹は白色。メスは額の白が狭く上面が灰色

　本州、四国、九州に夏鳥として渡来する。平地から山地にかけて、落葉広葉樹林に生息する。「ヒリリン」と鳴くため、山椒の実を食べて口の中がヒリヒリしていると連想されて、その名がついた。実際に山椒の実を食べることはなく、木立の上でクモなど木につく昆虫を食べる。鳴きながら浅い波形を描いて飛び、地上には滅多に降りない。沖縄など、南西諸島で見られるのは、亜種のリュウキュウサンショウクイ。

鳴き声・QRコード

野山にいる鳥 ◀◀◀ 077

## ほふく前進で種子を採餌する兵隊野鳥
# ビンズイ

ビンズイ　スズメ目セキレイ科

**鳴き声** )) **チュルチュルピーピー、ツイツイツイ**

羽

次列風切

　北海道、本州、四国の山間部で夏鳥として繁殖する。北海道では平地でも繁殖をする。低山から亜高山の林、草原などに生息し、昆虫類を捕食する。冬は標高の低いところに降りてきて、雑木林などに生息する。雑木林の中の地面に落ちている種子を歩きながら群れで採餌する。地上にいることが多く、その姿は大勢の兵隊がほふく前進しているかのようである。タヒバリと似ているので間違いやすいが、眼の後ろの白斑で区別できる。

鳴き声・QRコード

### 見分けるポイント

| 生息地 |
|---|
| ●公園・林・森・低山・亜高山 |

| 大きさ |
|---|
| ●約15cm |

| 色 |
|---|
| ●緑褐色 |

| 特徴 |
|---|
| 頭から背はオリーブ褐色。胸は白色、黒色斑。薄い褐色眉斑 |

| 時期 | |
|---|---|
| 高山 | 平地 |
| | 1月 |
| | 2月 |
| | 3月 |
| 4月 | 4月 |
| 5月 | |
| 6月 | |
| 7月 | |
| 8月 | |
| 9月 | |
| 10月 | 10月 |
| | 11月 |
| | 12月 |

078 ▶▶▶野山にいる鳥

## 昆虫をフライキャッチ
# キセキレイ

キセキレイ　スズメ目セキレイ科

**鳴き声** ))) **チッチチッ、チチチチチチッ**

羽

初列風切

### 見分けるポイント

| 時期 | |
|---|---|
| 北海道 | 本州以南 |
| 1月 | 1月 |
| 2月 | 2月 |
| 3月 | 3月 |
| 4月 | 4月 |
| 5月 | 5月 |
| 6月 | 6月 |
| 7月 | 7月 |
| 8月 | 8月 |
| 9月 | 9月 |
| 10月 | 10月 |
| 11月 | 11月 |
| 12月 | 12月 |

生息地
- 田・川・湿原・低山・渓谷

大きさ
- 約20cm

色
- 黄色、灰色

特徴
頭から背は灰色。翼は黒色。胸から腹は黄色。白色眉斑

鳴き声・QRコード

北海道では夏鳥。本州、四国、九州では留鳥として見ることができる。平地から山地の渓谷まで幅広い範囲に生息する。水辺周辺を好む。尾を振りながら水辺を歩き昆虫類を捕食する。また岩場や木に止まり、虫を見つけると跳んで捕まえる。他のセキレイ達を追いかけ回していることがあるが、これは縄張り争いの最中である。繁殖期にはつがいで縄張りを持つ。セキレイの仲間で、名のとおり腹の黄色いセキレイである。

野山にいる鳥 ◀◀◀ 079

## 泥と枯れ草の唾液で作る丸い巣が特徴
# イワツバメ

イワツバメ　スズメ目ツバメ科

羽

尾羽

**鳴き声** 🔊 **ジュジュッ**

　北海道、本州、四国、九州に夏鳥として渡来する。街中から山地、沿岸部と広い範囲に生息する。足の指先まで白い羽毛で覆われている。全体的に丸っこい。本来、岩場や崖地に集団営巣していたが、徐々に建物や鉄道高架下や橋げたなどにも集団営巣するようになり、都市部でも容易に見られるようになった。泥と枯れ草と唾液を使い丸い巣を作る。飛びながら大きな口を開け昆虫類を捕食する。暖地では越冬の例もある。

鳴き声・QRコード

### 見分けるポイント

**生息地**
- 街中・公園・川・低山・亜高山・高山・海

**大きさ**
- 約14cm

**色**
- 黒色、白色

**特徴**
頭から背、尾は黒色。喉、胸、腹、腰は白色。飛ぶと白色の腰が目立つ

| 時期 |
|---|
| 3月 |
| 4月 |
| 5月 |
| 6月 |
| 7月 |
| 8月 |
| 9月 |
| 10月 |

# クマの居場所を教える、アイヌの神
# クマゲラ

クマゲラ　キツツキ目キツツキ科

**鳴き声** )))　ピョーピョー

## 見分けるポイント

| 時期 |
|---|
| 1月 |
| 2月 |
| 3月 |
| 4月 |
| 5月 |
| 6月 |
| 7月 |
| 8月 |
| 9月 |
| 10月 |
| 11月 |
| 12月 |

**生息地**
●森・低山

**大きさ**
●約29cm

**色**
●黒色

**特徴**
カラスよりやや小さく体は黒い。頭部は赤色。メスは後頭部のみ。黄白色の長いクチバシ

北海道、東北の一部で留鳥として見ることができる。北海道では巨木の多い森林、東北地方ではブナ林に生息し、人の手の入っていない原生林を好む。単独でいることが多い。日本のキツツキ類の中で一番大きく、ドラミングも他のキツツキより大きな音を響かせる。主食はアリ。大きな体が入る巣を作るには巨木が必要だが、開発による森林破壊で営巣できる巨木も限られている。生息数が減少し、日本では天然記念物に指定された。

鳴き声・QRコード

野山にいる鳥 ◀◀◀ 081

## 一番星が出る頃、活動開始
# ヨタカ

ヨタカ　ヨタカ目ヨタカ科

鳴き声 )) キョキョキョキョキョ…

羽

尾羽

　北海道、本州、四国、九州では渡鳥として見ることができる。山地の森林や草原に生息する。名前のとおり夜行性の鳥である。昼間は木の横枝に寝そべるように止まって休む。巣は作らず、地面に直に生む。遠くからみると木のこぶに見える。これは、林内の地上に営巣するため、体色の枯れ葉模様が保護色になるから。夕暮れになると活動開始。飛び回ってガなどの昆虫類を食べる。宮沢賢治の作品『よだかの星』では醜い鳥として出てくる。

鳴き声・QRコード

### 見分けるポイント

| 生息地 | 時期 |
|---|---|
| ●林・野原・低山・亜高山 | 1月 |
| 大きさ | 2月 |
| ●約29cm | 3月 |
| 色 | 4月 |
| ●褐色 | 5月 |
| 特徴 | 6月 |
| 体全体が暗褐色、複雑な斑模様がある。木の横枝に止まっていると木のこぶに見える | 7月 |
| | 8月 |
| | 9月 |
| | 10月 |
| | 11月 |
| | 12月 |

155

# 082 ▶▶▶ 野山にいる鳥

## 雨や曇りの日によく鳴く「水恋鳥」
## アカショウビン

アカショウビン　ブッポウソウ目カワセミ科

**鳴き声** 🎵 キョロロロロロロ

羽
次列風切

### 見分けるポイント

| 時期 | |
|---|---|
| 1月 | |
| 2月 | |
| 3月 | |
| 4月 | |
| 5月 | ●|
| 6月 | ●|
| 7月 | ●|
| 8月 | ●|
| 9月 | ●|
| 10月 | ●|
| 11月 | |
| 12月 | |

**生息地**
●森・低山・亜高山・渓谷

**大きさ**
●約27cm

**色**
●赤色

**特徴**
体が赤色。大きく赤いクチバシ。腰にコバルトブルーの縦線

鳴き声・QRコード

　本州、四国、九州、沖縄に夏鳥として渡来し、渓谷や沢地のあるブナ林に生息する。朝方にさえずり、日中はあまり声を聞くことができない。営巣を始めるとさえずりが減り、雛が巣立つとほとんどさえずらなくなる。雨や曇りの日によく鳴くため、別名「水恋鳥」。餌は小魚、サワガニ、カエル、オタマジャクシ、トカゲ、昆虫類など。水中に潜ることはない。沖縄地方で見られるのは亜種のリュウキュウアカショウビン。

野山にいる鳥◀◀◀ **082**

巣立ったばかりの雛
に給餌する親鳥

巣立ちを促すため鳴
きながら巣の周りを
跳ぶ親鳥

# 083 ▶▶▶ 野山にいる鳥

## 声間違いで付けられた名前
# ブッポウソウ

ブッポウソウ　ブッポウソウ目ブッポウソウ科

鳴き声 ゲッ、ゲッ、ゲゲー

羽

初列風切

| 見分けるポイント | |
|---|---|
| 時期 | 生息地 |
| 1月 | ●林・森・低山 |
| 2月 | 大きさ |
| 3月 | ●約29cm |
| 4月 | 色 |
| 5月 | ●青色 |
| 6月 | 特徴 |
| 7月 | 頭、顔は濃い紫色。体は光沢のある青緑色。クチバシと足は赤色。翼を広げると白斑がある |
| 8月 | |
| 9月 | |
| 10月 | |
| 11月 | |
| 12月 | |

※時期：4月〜9月

本州、四国、九州に夏鳥として渡来する。平地から低山地の林に生息する。短い足と長いクチバシのバランスの悪い体型でありながら、色鮮やかな羽を広げて飛ぶ姿は大変美しい。飛翔時は、翼の白斑がよく見える。また神社や寺の大きな木に営巣をすることが多く、『ブッ、ポウ、ソウ』（仏、法、僧）と鳴くことからこの名がついた。しかし、ブッポウソウの鳴き声と信じられていこの鳴き声は、実はコノハズクの鳴き声であった。本当のブッポウソウの鳴き声は「ゲゲッ、ゲゲッ」と汚い声である。

# 野山にいる鳥 ◀◀◀ 084

## 塩辛いのがお好き。飲料水は海の水
# アオバト

アオバト　ハト目ハト科

**鳴き声** 》) **オーアオー、アオーア**

羽

尾羽

　本州、四国、九州では留鳥。北海道や東北の一部では夏鳥として繁殖をする。山地の広葉樹林を好むが、ブナ林は好まないようである。夏場になると海水を飲むために山から群れで降りくる。波の激しい岩場で命を賭けて海水を飲んでいる。時には波がアオバトを襲い、波にさらわれ命を奪われることもある。そこまでして海水を飲みにくるのは、塩分の摂取が目的と言われている。地上では、ドングリ、木の芽、果実などを食べる。尺八の音のような特徴のある声をしている。ピジョンミルクで雛を育てる。

### 見分けるポイント

**生息地**
- 林・低山・亜高山・海

**大きさ**
- 約33cm

**色**
- 緑色

**特徴**
頭、背中、腹は黄緑色。下腹は白色。翼は赤紫色。クチバシは水色

| 時期 | |
|---|---|
| 寒地 | 暖地 |
| | 1月 |
| | 2月 |
| | 3月 |
| | 4月 |
| 5月 | 5月 |
| 6月 | 6月 |
| 7月 | 7月 |
| 8月 | 8月 |
| 9月 | 9月 |
| 10月 | 10月 |
| | 11月 |
| | 12月 |

# 085 ▶▶▶ 野山にいる鳥

## 標高2400m以上に生息する
## ライチョウ

ライチョウ　キジ目ライチョウ科

**鳴き声** )))　ゴワーゴワー、クゥクゥクゥ

羽

初列風切

### 見分けるポイント

| 時期 |
|---|
| 1月 |
| 2月 |
| 3月 |
| 4月 |
| 5月 |
| 6月 |
| 7月 |
| 8月 |
| 9月 |
| 10月 |
| 11月 |
| 12月 |

**生息地**
●高山帯

**大きさ**
●約37cm

**色**
●冬は白、夏は褐色

**特徴**
冬は白色に黒斑。夏はオスが黒と黒褐色のまだら。メスは黄褐色と黒、白のまだら

鳴き声・QRコード

　本州中部の高山帯に留鳥として見ることができる。日本では標高2400m以上の森林限界より高い場所で見られる。冬でも移動せず高山帯に留まる。雛がかえると子連れのライチョウを見ることができる。餌は、木の芽、若葉、つぼみ、花、草の実、木の実など植物しか食べない。ハイマツの下の地面を浅く掘り、枯れ葉、羽根などを敷いて巣を作る。開けた場所で生活するが、タカが天敵。1955年に国の特別天然記念物に指定された。

野山にいる鳥 ◀◀◀ 086

## 初夏を知らせる、夏告げ鳥
# カッコウ

カッコウ　カッコウ目カッコウ科

羽　尾羽

**鳴き声** )) **カッコウ、カッコウ、ピピピピピ**

北海道、本州、四国、九州に夏鳥として渡来する。草原など開けた環境に多く生息しているが、街中でもさえずりを聞くことがある。托卵をする鳥として有名である。オオヨシキリやホオジロ、モズ、オナガなどの巣に托卵して、カッコウの親は一切子育てしない。本来の雛よりも早く孵化したカッコウの雛は、他の卵を足で蹴るなどして巣から排除してしまう。巣立ちが近くなって親鳥よりも大きくなった雛に、托卵された親鳥は餌を与え続ける。

鳴き声・QRコード

### 見分けるポイント

| 生息地 | 時期 |
|---|---|
| ●林・森・野原・田・川・湿原・低山・亜高山 | 1月 |
| | 2月 |
| | 3月 |
| **大きさ** | 4月 |
| ●約35cm | 5月 |
| **色** | 6月 |
| ●青灰色 | 7月 |
| **特徴** | 8月 |
| 頭、体が青灰色。胸、腹は白色、細い横縞がある。カッコウという鳴き声 | 9月 |
| | 10月 |
| | 11月 |
| | 12月 |

※時期は5月〜9月が該当

161

**087** ▶▶▶ 野山にいる鳥

春に待たれるさえずり

# ホトトギス

ホトトギス　カッコウ目カッコウ科

羽　初列風切

鳴き声))　キョッキョ、キョキャキョキョ（聞きなし）特許許可局

## 見分けるポイント

| 時期 |
|---|
| 1月 |
| 2月 |
| 3月 |
| 4月 |
| **5月** |
| **6月** |
| **7月** |
| **8月** |
| **9月** |
| 10月 |
| 11月 |
| 12月 |

**生息地**
●林・森・低山・亜高山

**大きさ**
●約27cm

**色**
●青灰色

**特徴**
頭、体が青灰色。胸、腹は白色、細い横縞がある。ホトトギスという鳴き声

鳴き声・QRコード

　北海道、本州、四国、九州に夏鳥として渡来。カッコウの仲間の中では一番小さく、ハト大の夏鳥。「目には青葉、山ほととぎす、初鰹」とあるように、新緑の季節に渡来してくる。カッコウに似て同じように托卵の習性を持ち、托卵先はウグイスの巣が多い。声は平野部でもよく聞かれ、聞きなしは、「特許許可局」。日中だけでなく、夜も大声で鳴きながら飛び回っている。昆虫を主食とし、樹上でチョウ類の幼虫を好んで食べる。

尾は長く白い。広げ
ると扇形になり白い
小斑点が並ぶ

カッコウに似ている
が、胸の縞模様の間
隔が広い

# 088 ▶▶▶ 野山にいる鳥

## 子育ては一切行わない
# ツツドリ

ツツドリ　カッコウ目カッコウ科

**鳴き声** ポポポポ、ポポッポポッポポッ

羽
中央尾羽

### 見分けるポイント

| 時期 | |
|---|---|
| 1月 | |
| 2月 | |
| 3月 | |
| 4月 | |
| 5月 | ■ |
| 6月 | ■ |
| 7月 | ■ |
| 8月 | ■ |
| 9月 | ■ |
| 10月 | ■ |
| 11月 | |
| 12月 | |

**生息地**
●公園・林・森・低山・亜高山

**大きさ**
●約32cm

**色**
●青灰色

**特徴**
頭、体が青灰色。胸、腹は白色、細い横縞がある。ポポ、ポポ、という鳴き声

鳴き声・QRコード

　北海道、本州、四国、九州に夏鳥として渡来する。カッコウとよく似ているが、カッコウより少し小さく色が濃い。自分で巣を作ることはなく、子育ては托卵。托卵先はセンダイムシクイの巣が多いが、アオジ、ビンズイ、メジロ、モズ、キクイタダキなどにも托卵し、子育ては一切行わない。仮親に順応して卵の色を似せるなど生態を変化させる。『ツツドリ』の名前は、空筒（からづつ）を打つような、「ポポ、ポポ」という鳴き声に由来する。

# ジュウイチ

神山に住む霊鳥で、自らの名を呼ぶ鳥

ジュウイチ　カッコウ目カッコウ科

**鳴き声** ジュウイチー（聞きなし）11

羽／次列風切

北海道、関東を除く本州、四国に夏鳥として渡来する。山地の広葉樹林に生息する。他のカッコウの仲間と同じように托卵する。托卵先はオオルリ、コルリ、ルリビタキ、コマドリ、ビンズイ、ノビタキ、クロツグミなどで、子育ては一切行わない。「ジュウイチ」と鳴く声からその名がついた。林の中から鳴き声が聞こえてくるが、姿は中々見せてくれない。別名、慈悲心鳥（ジヒシンチョウ）とも呼ばれ、俳句の夏の季語して使われる。

鳴き声・QRコード

## 見分けるポイント

**生息地**
- 低山・亜高山

**大きさ**
- 約32cm

**色**
- 灰黒色、肌色

**特徴**
頭、背、翼は灰黒色。胸は肌色。腹は白色。黄色のアイリング。ジュウイチ、ジュウイチと鳴く

**時期**： 5月、6月、7月、8月、9月

## 羽音を立てない闇夜のハンター
# フクロウ

フクロウ　フクロウ目フクロウ科

羽：初列風切

鳴き声))) **ホッホッ、ゴロスケホッホ、ギャホー、ホッホッホ（聞きなし）ぼろ着て奉公**

### 見分けるポイント

| 時期 | |
|---|---|
| 1月 | |
| 2月 | |
| 3月 | |
| 4月 | |
| 5月 | |
| 6月 | |
| 7月 | |
| 8月 | |
| 9月 | |
| 10月 | |
| 11月 | |
| 12月 | |

**生息地**
- 林・森・低山・亜高山

**大きさ**
- 約50cm

**色**
- 灰褐色

**特徴**
ハート型の額。体全体が灰褐色、褐色斑がある。クチバシが独特

　北海道、本州、四国、九州で留鳥として見ることができる。平地から山地の幹の太い木のある森林に生息する。また神社、寺などの大きな木に営巣することもある。夜行性であり、ネズミなどの小哺乳類や鳥類を捕食する。待ち伏せ型の狩りが主流で、獲物が近くに来たら襲いかかり捕らえる。昼間は木の枝に止まりじっと休んでいる。眼球を動かすことはできないが、頭を真後ろに向けたり、上下を反転させたりと、自由に回転させることができる。

鳴き声・QRコード

野山にいる鳥 ◀◀◀ 090

平たい顔は集音効果を高め、羽音をたてずに飛び立つ

巣立ったばかりの雛。白くふわふわした毛が愛らしい

# 091 ▶▶▶ 野山にいる鳥

## 視力は抜群。遠くの獲物を見逃さない

# イヌワシ

イヌワシ　タカ目タカ科

**鳴き声** )) ピャッピャッ

羽／初列風切

### 見分けるポイント

| 時　期 |
|---|
| 1月 |
| 2月 |
| 3月 |
| 4月 |
| 5月 |
| 6月 |
| 7月 |
| 8月 |
| 9月 |
| 10月 |
| 11月 |
| 12月 |

**生息地**
- 低山・亜高山

**大きさ**
- オス　約81cm
  メス　約89cm

**色**
- 金色がかった淡黄褐色

**特徴**
メスはオスよりも大きい。たまに吠えるような声を発する

鳴き声・QRコード

　北海道、本州、四国、九州で留鳥として局地的に生息している。低山から高山までの断崖の多い場所を好む。断崖岩棚や木などに枯れ枝で巣を作り、長年利用する。上空から獲物を探し、見つけると翼をすぼめ急降下して捕らえる姿が特徴的。餌は、哺乳類、鳥類、爬虫類で、時には動物の死骸を食べることもある。世界的にはヨーロッパ、北アメリカ、アフリカと広範囲に分布し、後頭部の黄色い羽毛が、英名（ゴールデンイーグル）の由来。

翼をＶ字に保って飛んでいることが多い

国の天然記念物に指定されている

# 092 ▶▶▶ 野山にいる鳥

### 一夫一妻。渡りをする一番小さな鷹

# ツミ

ツミ　タカ目タカ科

**鳴き声** ))) ピョーピョピョピョ

羽

尾羽

## 見分けるポイント

| 時期 | |
|---|---|
| 北海道 | 本州以南 |
| 1月 | 1月 |
| 2月 | 2月 |
| 3月 | 3月 |
| 4月 | 4月 |
| 5月 | 5月 |
| 6月 | 6月 |
| 7月 | 7月 |
| 8月 | 8月 |
| 9月 | 9月 |
| 10月 | 10月 |
| 11月 | 11月 |
| 12月 | 12月 |

**生息地**
● 街中・公園・林・森・低山

**大きさ**
● オス　約27cm
　メス　約30cm

**色**
● 青灰色

**特徴**
頭から背、翼、尾は青灰色。喉、腹は白色。脇腹が橙色

　北海道では夏鳥、本州、四国、九州、沖縄では留鳥として見ることができる。平地から山地の森林に生息するが、最近では都市部でも営巣する姿が見られる。森の中で枝に丸くなりじっと止まっている後姿はドバトと似ているが、ドバトは森林に生息していないため、生息環境を知っておけば容易に識別できる。繁殖初期は近づくカラス類を警戒してよく鳴き、追いかけられて逃げ回っている。小鳥を追いかけたりする姿を、身近な場所で見かけることも。小鳥類、爬虫類、小哺乳類、昆虫類などを食べる。

野山にいる鳥 ◀◀◀ 093

## コノハズクよりひと回りちょっと大きい
# オオコノハズク

オオコノハズク　フクロウ目フクロウ科

羽　次列風切

**鳴き声** ))) ホッホッホッ、キュリー、ティヤオー、ミューミュー

　北海道、本州、四国、九州では留鳥。平地から山地の林に生息し、大木のある神社寺院によくいる。東京都内での生息記録もあり、大きな洞のある樹木があれば都市部にも生息できる可能性があるようだ。夜行性であり、ネズミなどの小哺乳類や小鳥類、昆虫類を捕食する。昼間は寝ていて、木の上に止まっていると木の幹と同化して目の前にいるのに気づかないことがある。たまに目を開け周囲を見渡したりするが、開けば橙色の大きな目と長い羽が特徴的。繁殖期にはつがいで縄張りを持つが、冬期には単独が多い。

### 見分けるポイント

| 生息地 | 時期 |
|---|---|
| ●林・森・低山 | 1月 |
| **大きさ** | 2月 |
| ●約24cm | 3月 |
| **色** | 4月 |
| ●褐色 | 5月 |
| **特徴** | 6月 |
| 木の幹肌のような複雑な模様。コノハズクよりも大きい。長い羽角と大きな橙色の目 | 7月 |
| | 8月 |
| | 9月 |
| | 10月 |
| | 11月 |
| | 12月 |

171

094 ▶▶▶ 野山にいる鳥

## 大きな羽音で急降下。別名「雷シギ」
# オオジシギ

オオジシギ　チドリ目シギ科

**鳴き声** 》) ジープ、ジープ、ズビヤクズビヤク（ザザザ…）

羽

尾羽

### 見分けるポイント

| 時期 |
|---|
| 1月 |
| 2月 |
| 3月 |
| **4月** |
| **5月** |
| **6月** |
| **7月** |
| **8月** |
| **9月** |
| 10月 |
| 11月 |
| 12月 |

**生息地**
- 野原・田・湿原・低山・亜高山

**大きさ**
- 約30cm

**色**
- 褐色

**特徴**
大きな羽音を立てながら急降下する。他のジシギと外見だけで見分けるのは難しい

鳴き声・QRコード

　越冬地は9千キロ以上も離れたオーストラリア南東部。北海道、本州北部、中部、関東に夏鳥または旅鳥として渡来する。北海道では草原、本州では高原や湿原に生息している。渡りの時期には、各地の川原、田んぼでも見ることができる。迫力ある急降下「ディスプレイフライト」の羽音は驚くほど大きい。枯れ枝や電柱によくとまっている。地中のミミズや甲殻類などをクチバシで採って食べる。別名「雷シギ」。

## 巧の鳥・撮りコラム③ Takumi

住める環境を維持することも、鳥を愛する人たちの義務です

## 「愛するがゆえに会わない」

　憧れの野鳥、アカショウビンに会いに行ったのは1994年。毎週末、新潟県の松之山という野鳥スポットに足を運んでいました。そのときはシルエットが見えただけでも、嬉しくて心がときめきました。7月に入ると鳴かなくなり、より見つけにくくなるアカショウビンですが、シーズン5回目の松之山撮影のときに、キョンキョンと聞いたことのない声が聞こえてきました。よく見ると、アカショウビンのひなが。「キョンキョン」の正体は雛の巣立ちをうながす、親鳥の鳴き声だったのです。珍しい場面に立ち会い、そのとき初めて、しっかりとアカショウビンの姿をカメラに収めることができました。

　人気のあるアカショウビン。いつ、どこで見たというのをみんなに教えてあげたいという気持ちは、よくわかります。今は、携帯電話やインターネットの発達で、あっというまに情報が広まります。しかし、そこにどっと押し寄せる人が、鳥の住める環境を壊したり、地元の人たちに迷惑をかけるといったことは、あってはならないことです。「本当に鳥を愛しているならば、鳥を見に行かないのが一番」とは私の先輩の言葉です。これは極端な例えだとしても、情報をむやみに流さない、自分で環境を守りながら撮影スポットを探すといった、野鳥を愛する人たち一人ひとりの心がけが、これから大切になってくるのではないでしょうか。

# 第4章
# 水辺にいる鳥

川や、湖など水辺に生息する野鳥です。

▲ コサギ

## ●水辺にいる鳥チェックリスト

- [ ] オオヨシキリ
- [ ] ベニマシコ
- [ ] タヒバリ
- [ ] セグロセキレイ
- [ ] カワセミ
- [ ] ヤマセミ
- [ ] トビ
- [ ] コチドリ
- [ ] イソシギ
- [ ] タンチョウ
- [ ] コサギ
- [ ] ゴイサギ
- [ ] アオサギ
- [ ] ダイサギ
- [ ] オオジュリン
- [ ] コウノトリ
- [ ] カイツブリ
- [ ] オオバン
- [ ] バン
- [ ] カルガモ
- [ ] マガモ
- [ ] オナガガモ
- [ ] ハシビロガモ
- [ ] コガモ
- [ ] ヒドリガモ
- [ ] オシドリ
- [ ] マガン
- [ ] ヒシクイ
- [ ] コハクチョウ
- [ ] オオハクチョウ
- [ ] カワウ

## 095 ▶▶▶ 水辺にいる鳥

"仰々しい"さえずり声が特徴です

# オオヨシキリ

オオヨシキリ　スズメ目ウグイス科

羽／初列風切

**鳴き声** ギョギョシギョギョシ、カカカカカ　（聞きなし）仰々しい、行行子

### 見分けるポイント

| 時期 |
|---|
| 1月 |
| 2月 |
| 3月 |
| **4月** |
| **5月** |
| **6月** |
| **7月** |
| **8月** |
| **9月** |
| 10月 |
| 11月 |
| 12月 |

**生息地**
- 野原・田・川・湖沼

**大きさ**
- 約18cm

**色**
- オリーブ褐色

**特徴**
全体はオリーブ褐色。特に模様はない。首まわりと目の上が白い

漢字で「大葭切」「大葦切」と表記されるように、アシ（葦）が生えている地域に好んで生息する夏鳥。北海道〜九州に飛来し、10月を迎える頃になると南へ帰っていく。最大の特徴は、仰々しいほどに濁った大音量のさえずり声。聞く人によっては耳障りに感じられるかもしれない。オスメス同色。上面はオリーブ褐色、下面は白っぽく、側面は茶褐色を帯びている。水中からアシが生えている場所を注意深く観察しよう。

鳴き声・QRコード

川辺の背の高い草のてっぺんにとまり、大きな声でさえずっていた

お気に入りの場所があるようで、必ず決まった草や枝でさえずっている

## 長い尾をもつ、バラ色のアトリ

# ベニマシコ

ベニマシコ　スズメ目アトリ科

**鳴き声** 》)) **チュルルル、フィッフィ、（地鳴き）ヒッポッ**

羽

腰羽

### 見分けるポイント

| 時期 | |
|---|---|
| 北海道 | 本州以南 |
| 1月 | 1月 |
| 2月 | 2月 |
| 3月 | 3月 |
| 4月 | 4月 |
| 5月 | 5月 |
| 6月 | 6月 |
| 7月 | 7月 |
| 8月 | 8月 |
| 9月 | 9月 |
| 10月 | 10月 |
| 11月 | 11月 |
| 12月 | 12月 |

**生息地**
- 林・野原・田・川・低山・湖沼

**大きさ**
- 約15cm
- スズメより小さい

**色**
- 紅赤色、黄褐色

**特徴**
オス（夏羽）の特徴は、翼に2本の白帯。メスは、全体に明るい黄褐色

　繁殖期は北海道や東北地方の一部に生息し、木の上や地上の昆虫類を捕食。秋冬にはほとんどが本州以南に移動し、草の実などを食べながら越冬する。オスの夏羽は紅赤色で喉と頭が白っぽく、メスは全体に黄褐色を帯びているのが特徴。冬羽はオスメスともに色が淡くなる。ちなみにマシコとは猿のこと。猿の顔のように赤い色をしていることからベニマシコ（「紅猿子」）と呼ばれる。よく鳴くので注意深く耳を傾ければすぐに見つかるはず。

鳴き声・QRコード

水辺のやぶが大好き。
人が近づくとすぐに
隠れてしまう

ベニマシコを見つけた
ら、むやみに近寄らず
望遠鏡でそっと覗く

# 097 ▶▶▶ 水辺にいる鳥

## 意外に身近なところにいる旅鳥
# タヒバリ

タヒバリ　スズメ目セキレイ科

**鳴き声** 🔊 **チュピピッ**

羽

三列風切

### 見分けるポイント

| 時期 |
|---|
| 1月 |
| 2月 |
| 3月 |
| 4月 |
| 5月 |
| 6月 |
| 7月 |
| 8月 |
| 9月 |
| 10月 |
| 11月 |
| 12月 |

**生息地**
● 野原・農地・田・川・湖沼・干潟・海

**大きさ**
● 約16cm
● スズメとほぼ同じ

**色**
● 灰褐色

**特徴**
色彩的な特徴は、灰褐色の背中と、黄白色のお腹

　本州以南では頻繁に見かける、ポピュラーな冬鳥。北海道では春秋の渡りの時期に姿を現す。川原や湖沼の岸、海岸などの開けた土地に群れで生活するが、畑などの乾燥した環境も好み、尾を上下に振りながら地上を歩き草の実や昆虫類を採食する。生息ポイントは、イネ科やタデ科の種子が落ちている農耕地。日本で多く見かけるのは冬羽だが、北へ帰る直前には、背面の灰色が強くなり、下面がオレンジ色がかった夏羽を確認できる。オスメス同色。ヒバリとついているが、セキレイの仲間。

## 細い脚とスマートな体が自慢です
# セグロセキレイ

セグロセキレイ　スズメ目セキレイ科

**鳴き声** ))) **チリリー、ジュイジュイジュイ**

羽 / 次列風切

その名の通り、頭から肩、背中にかけて濃い黒色をした日本の固有種。北海道から九州まで、同一の場所に留まって生息している。主な生息地は水辺（とくに川の中流域）で、河川や湖沼が近くにあれば、畑のような乾いた場所でも見かけることがある。縄張り意識が強いため、生活圏が脅かされると、つがいまたは単独で、同種のセキレイであるハクセキレイ、キセキレイを威嚇して、追い出してしまう様子がよく観察される。

鳴き声・QRコード

### 見分けるポイント

| 生息地 |
|---|
| ●街中・公園・田・川・湖沼 |

| 大きさ |
|---|
| ●約21cm |
| ●スズメよりも一回り大きい |

| 色 |
|---|
| ●背中は黒、お腹は白 |

| 特徴 |
|---|
| ハクセキレイとそっくりだが、こちらは頭が黒。ただし、幼鳥は灰褐色 |

| 時期 |
|---|
| 1月 |
| 2月 |
| 3月 |
| 4月 |
| 5月 |
| 6月 |
| 7月 |
| 8月 |
| 9月 |
| 10月 |
| 11月 |
| 12月 |

## 099 ▶▶▶ 水辺にいる鳥

### 宝石のような美しさ
# カワセミ

カワセミ　ブッポウソウ目カワセミ科

鳴き声 ))) ピピッ、ピピッ

(羽) 次列風切

### 見分けるポイント

| 時期 | |
|---|---|
| 北海道 | 本州以南 |
| 1月 | 1月 |
| 2月 | 2月 |
| 3月 | 3月 |
| 4月 | 4月 |
| 5月 | 5月 |
| 6月 | 6月 |
| 7月 | 7月 |
| 8月 | 8月 |
| 9月 | 9月 |
| 10月 | 10月 |
| 11月 | 11月 |
| 12月 | 12月 |

**生息地**
- 公園・川・湖沼

**大きさ**
- 約17cm
- スズメよりも一回り大きい

**色**
- 背面はコバルト色、腹面はオレンジ色

**特徴**
メスは下のクチバシが赤くオスより体の鮮やかさがやや劣る

鳴き声・QRコード

　海岸、川岸、湖岸などの水辺に生息するカワセミは、北海道をのぞく地域で1年中見ることができる水鳥。金属光沢のある体は光の当たり方によって緑色や水色に輝き、その魅惑的な美しさは「渓流の宝石」などと形容される（ヒスイもカワセミも漢字表記は「翡翠」）。クチバシは、水中の魚や昆虫を捕獲するために短剣のように鋭く、時にはヘリコプターのように空中でホバリング（滞空飛行）してから、急降下で水面に飛び込む。

水辺にいる鳥 ◀◀◀ **099**

カワセミのホバリング。水面に急降下して魚を捕らえる。まさに川辺のハンター

カワセミのプロポーズ。オスがメスに魚をプレゼントしていた。メスが食べやすいように頭を差し出している

## 水辺にいる鳥

ツートーンで決めた、魚とりの王様

# ヤマセミ 別名「カノコショウビン」

ヤマセミ　ブッポウソウ目カワセミ科

**鳴き声** ))) ケレケレケレ

(羽) 初列風切

### 見分けるポイント

| 時期 |
|---|
| 1月 |
| 2月 |
| 3月 |
| 4月 |
| 5月 |
| 6月 |
| 7月 |
| 8月 |
| 9月 |
| 10月 |
| 11月 |
| 12月 |

**生息地**
- 川・渓谷・湖沼

**大きさ**
- 約37cm
- キジバトよりも一回り大きい

**色**
- 白と黒のまだら模様

**特徴**
オスメスほぼ同色。見分けるポイントはオレンジ色の交じる場所

鳴き声・QRコード

　山地の渓流や湖沼の周囲に生息するカワセミの仲間。日本では留鳥として北海道〜九州に分布、繁殖し、冬には平地の河川や海岸にもやってくることもある。大きさはカワセミの倍ほどあり、日本でみられるカワセミ科の鳥ではもっとも大きい。頭には大きく立派な冠羽があり、背中は白と黒の細かいまだら模様をしている。水辺の石や枝の上から水中に飛び込み、魚や昆虫を捕食。ホバリング（滞空飛行）の体勢から急角度で水面に飛び込む。

あごと胸にオレンジ色が混じるのはオス。メスは翼の裏がオレンジ色

夫婦仲がよく、つがいで枝などに止まっているのをよく見かける

## 101 ▶▶▶ 水辺にいる鳥

### 大空高く飛翔する"黒い凧"
# トビ

トビ　タカ目タカ科

鳴き声))) ピーヒョロロロロ

(羽) 次列風切

### 見分けるポイント

| 時期 |
|---|
| 1月 |
| 2月 |
| 3月 |
| 4月 |
| 5月 |
| 6月 |
| 7月 |
| 8月 |
| 9月 |
| 10月 |
| 11月 |
| 12月 |

**生息地**
● 街中・公園・林・野原・農地・田・川・低山・湖沼

**大きさ**
● オス　約58cm
　メス　約68cm

**色**
● 褐色

**特徴**
飛翔中の尾は三味線のバチのような形になる

　日本でもっとも身近な猛禽類として親しまれているタカ科の留鳥。尾羽でたくみに舵をとり、羽をあまり動かさずに上昇気流を利用して輪を描くように滑空する様子は、高山から都市部まで日本中ほとんどの地域で確認できる（なかでも漁港付近は生息数が多い）。体色は褐色と白のまだら模様で、目の回りが黒い。飛翔時は翼の先端近くに白い模様が見える。尾羽の形が特徴的で先端の中央部がへこんでいる。上空を飛翔しながら餌を探し、餌を見つけるとその場所に急降下して捕らえる。「トンビ」とも呼ばれている。

水辺にいる鳥 ◀◀◀ 102

## くっきりとしたアイラインが愛らしい
# コチドリ

コチドリ　チドリ目チドリ科

**鳴き声** 🔊 ピオピオピオ

羽

三列風切

　本州、四国、九州の日本各地に飛来する夏鳥（そのうちの少数が西南日本で越冬）。主な生息地は海岸や湖沼、河川の中流域だが、水田や干潟で採食したり、海岸の砂丘や埋立地、内陸の農地などで巣を作る姿もたびたび見かける。外見上の大きな特徴は、目の周囲をふちどる黄色い輪。頭部に白黒の斑紋があり、足はオレンジ色をしている。俗に「千鳥足」と呼ばれるジグザグとした足どりで獲物（主に昆虫類）に近づき、すばやく捕食する。

鳴き声・QRコード

### 見分けるポイント

| 生息地 | 時期 |
|---|---|
| ●農地・田・川・湖沼・干潟・海 | 1月 |
| **大きさ** | 2月 |
| ●約16cm | 3月 |
| **色** | 4月 |
| ●上面は砂褐色、下面は白色 | 5月 |
| **特徴** | 6月 |
| 目をふちどる黄色いアイラインと足で判断。保護色 | 7月 |
| | 8月 |
| | 9月 |
| | 10月 |
| | 11月 |
| | 12月 |

187

## 水辺をひょこひょこと動き回るのは…
# イソシギ

イソシギ　チドリ目シギ科

鳴き声 )) ツィリリー

初列風切

### 見分けるポイント

| 時期 | |
|---|---|
| 寒地 | 暖地 |
| 1月 | 1月 |
| 2月 | 2月 |
| 3月 | 3月 |
| 4月 | 4月 |
| 5月 | 5月 |
| 6月 | 6月 |
| 7月 | 7月 |
| 8月 | 8月 |
| 9月 | 9月 |
| 10月 | 10月 |
| 11月 | 11月 |
| 12月 | 12月 |

生息地
●田・川・湖沼・干潟・海

大きさ
●約20cm

色
●上面は灰褐色

特徴
飛翔時、翼にくっきりと白い帯が見える。冬は単独でいる

鳴き声・QRコード

　九州以北の各地に生息する小型のシギ（本州中部地方以北では越冬のために南下する）。その名（漢字表記は「磯鷸」）のとおり、海岸の防波堤や岩場、干潟などの開けた水辺で見かけることが多いが、繁殖期は河川や湖沼の周辺などに生息し、岸辺の草地や枯れ草などに巣を作る。長いクチバシを箸のように器用に操って昆虫類を採食。尾羽を上下に小刻みに動かしながら歩行し、飛翔時には翼を下げたまま先端を震わせて飛ぶ。

## 絶滅の危機が叫ばれた"湿原の神"
# タンチョウ

タンチョウ　ツル目ツル科

羽　初列風切

鳴き声 ))) **クルル、カッカッ**

　北海道東部の釧路湿原などに生息する、特別天然記念物の留鳥。タンチョウの名前は、頭のてっぺんに見える赤い皮膚に由来している（丹頂は「赤い頭頂部」の意）。純白の羽毛で覆われているが、額と頬から首にかけてと、風切り羽の一部が黒い。尾羽が黒いように見えるが、長い風切り羽が白い尾羽を隠している。冬の間は給餌場がある人里近くに集まり、川の浅瀬などで生活。春先には「求愛ダンス」と呼ばれるジャンプの動作を組み合わせた行動を見せる。つがいは一生解消されず、広い縄張りをもつ。

### 見分けるポイント

| 生息地 | 時 期 |
|---|---|
| ●野原・農地・田・川・湿原・湖沼 | 1月 / 2月 / 3月 / 4月 / 5月 / 6月 / 7月 / 8月 / 9月 / 10月 / 11月 / 12月 |

**大きさ**
- オス　約148cm
- メス　約131cm

**色**
- ●純白

**特徴**
赤い頭頂部と純白の羽毛。黒い部分がある

## 頭の冠羽と、背中の飾り羽が自慢です
# コサギ

コサギ　コウノトリ目サギ科

**鳴き声** ゴワァーッ、ゴワァーッ

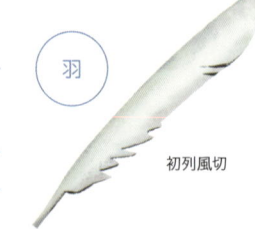

羽　初列風切

### 見分けるポイント

| 時期 |
|---|
| 1月 |
| 2月 |
| 3月 |
| 4月 |
| 5月 |
| 6月 |
| 7月 |
| 8月 |
| 9月 |
| 10月 |
| 11月 |
| 12月 |

**生息地**
- 公園・田・川・湖沼・干潟・海

**大きさ**
- 約61cm

**色**
- 白色

**特徴**
足の指が黄色い。夏羽では頭に現れる2本の長い冠羽が特徴

鳴き声・QRコード

「シラサギ」と呼ばれるグループの中で一番小さい鳥。全身の羽毛が白色で、足は黒いが、足の指は黄色。夏の繁殖期になると、頭に2本の冠羽と、背中に飾り羽が見える。水田や川辺、湖沼、海岸などの水辺に生息し、魚やカエル、ザリガニなどを捕食する。集団でいることが多く、首を縮めて立っている姿をよく見かける。水辺を歩きながら魚を探し、足を震わせる動作で、水中の岩陰や川底に隠れている魚を追い出してから捕まえる。

## 水辺にいる鳥 ◀◀◀ 105

繁殖期になると飾り羽の他、目から鼻にかけてピンク色になる

逆光でキラキラ光る湖面をバックに、群れていたコサギをシルエットで撮影

## 目が赤いのは寝不足ではありません
# ゴイサギ

ゴイサギ　コウノトリ目サギ科

**鳴き声** ゴワッ　ゴワッ

(羽) 初列風切

### 見分けるポイント

| 時期 | |
|---|---|
| 寒地 | 暖地 |
| 1月 | 1月 |
| 2月 | 2月 |
| 3月 | 3月 |
| 4月 | 4月 |
| 5月 | 5月 |
| 6月 | 6月 |
| 7月 | 7月 |
| 8月 | 8月 |
| 9月 | 9月 |
| 10月 | 10月 |
| 11月 | 11月 |
| 12月 | 12月 |

**生息地**
- 公園・田・川・湖沼・干潟

**大きさ**
- 約57cm

**色**
- 上面は暗灰色

**特徴**
上面は青みがかった暗灰色、下面は白い羽毛で被われている

　本州以南の各地で繁殖する、夜行性のサギ。越冬のために南下するものもあるが、暖地ではほぼ一年中観察できる（北海道では夏季に飛来する）。河川、湖沼、湿原、水田、海岸などの近くに生息。昼間は木の上や、やぶの中でじっとしている。陽が沈んで薄暗くなると水辺に現れ、魚や昆虫類、カエル、ザリガニなどの獲物を探し始めるが、首が短いため、獲物には体全体で襲いかかるしかない。また、繁殖期には、頭に白くて長い冠羽が現れるのが特徴。鳴き声がカラスに似ているので、「夜ガラス」と呼ばれることもある。

水辺にいる鳥 ◀◀◀ **106**

ゴイサギの若鳥。褐色の体に星をちりばめたような白い斑点がありホシゴイとも呼ばれる

繁殖期には2本の長い冠羽がある

# 107 ▶▶▶ 水辺にいる鳥

## 私、よくツルと間違えられるんです…
# アオサギ

アオサギ　コウノトリ目サギ科

**鳴き声** 🔊 **グワッグワァー**

羽／次列風切

### 見分けるポイント

| 時期 | |
|---|---|
| 寒地 | 暖地 |
| 1月 | 1月 |
| 2月 | 2月 |
| 3月 | 3月 |
| 4月 | 4月 |
| 5月 | 5月 |
| 6月 | 6月 |
| 7月 | 7月 |
| 8月 | 8月 |
| 9月 | 9月 |
| 10月 | 10月 |
| 11月 | 11月 |
| 12月 | 12月 |

**生息地**
●田・川・湿原・湖沼・干潟・海

**大きさ**
●約93cm

**色**
●上面は青味がかった灰色

**特徴**
飛翔中は風切羽の黒が目立つ。成鳥の頭には黒い冠羽がある

鳴き声・QRコード

　北海道〜四国の各地で繁殖する、日本でもっとも大きいサギ。越冬のために南下するものもいるが、暖地の本州や四国ではほぼ一年中観察できる。主な生息地は、海岸や干潟、河川、湖沼、湿原、水田。浅瀬の水辺や泥地を徘徊し、魚やカエル、昆虫などを採食する。繁殖期には、ほかのサギ類とコロニー（集団繁殖地）を作ることもあるが、アオサギだけで、高木の上に木の枝を組み合わせた皿状の巣を作ることが多い。

## 首をS字に曲げた立ち姿が艶っぽい
# ダイサギ

ダイサギ　コウノトリ目サギ科

**鳴き声** 🔊 ゴワァーッ、クワッ

(羽) 次列風切

　日本に住む「シラサギ」の中では、アオサギと並んで最大クラス。関東以南で繁殖し、冬は南へ移動するが、ロシアや中国東北部からやってくる渡り鳥もいるので、ほぼ一年中観察できる。全身の羽毛が白く、脚とクチバシは黒。クチバシは冬になると黄色に変化する。水田や湿地、河川や湖沼などの岸辺を歩いて、魚やザリガニ、昆虫類などを捕まえる。脚が長いため、深い水辺でも餌探しができるのだ。繁殖期には、コサギなどとサギのコロニー（「サギ山」ともいう）をつくる。

### 見分けるポイント

| 生息地 | 時 期 |
|---|---|
| ●田・川・湿原・干潟・海 | 1月 |
| | 2月 |
| **大きさ** | 3月 |
| | 4月 |
| ●約89cm | 5月 |
| **色** | 6月 |
| | 7月 |
| ●白色 | 8月 |
| **特徴** | 9月 |
| 首とクチバシ、脚が非常に長い。日本に住むサギ類の中でも特に大きい | 10月 |
| | 11月 |
| | 12月 |

# 109 ▶▶▶ 水辺にいる鳥

## アシ原にひそむ小さな曲芸師
# オオジュリン

オオジュリン　スズメ目ホオジロ科

**鳴き声** 🔊 **チッチョッチー、ジュリン**

羽　次列風切

### 見分けるポイント

| 時期 | |
|---|---|
| 寒地 | 暖地 |
| 1月 | 1月 |
| 2月 | 2月 |
| 3月 | 3月 |
| 4月 | 4月 |
| 5月 | 5月 |
| 6月 | 6月 |
| 7月 | 7月 |
| 8月 | 8月 |
| 9月 | 9月 |
| 10月 | 10月 |
| 11月 | 11月 |
| 12月 | 12月 |

**生息地**
- 野原・田・川・湿原・湖沼

**大きさ**
- 約16cm

**色**
- オス赤褐色に黒の縦じま
- メス灰褐色に黒の縦じま

**特徴**
越冬地では、黒の縦じまがアシの茎にまぎれて見つけにくいのが難点

鳴き声・QRコード

　北海道と東北地方で繁殖し、本州中部以南で越冬。小さな群の中で生活するが、繁殖期はつがいで縄張りをつくる。越冬地ではアシ原に生息。茎から茎へと移動し、クチバシを器用に操って葉の鞘を剥がして、中の昆虫類を捕食する。地上を跳ねるように歩きながら採食することもある。オスの夏羽は頭が黒く、背中は赤褐色に黒い縦じまが入る。メスは頭が褐色で、背面は灰褐色に黒い縦じまが入る。オスの冬羽は、メスに似ている。

水辺にいる鳥 ◀◀◀ 110

## 童話にでてくるのは私じゃありません
# コウノトリ

コウノトリ　コウノトリ目コウノトリ科

🔊 鳴き声 ))) **カタカタカタ**

(羽) 次列風切

### 見分けるポイント

**生息地**
- 田・川・湖

**大きさ**
- 約112cm

**色**
- 羽毛は白色、翼は黒色

**特徴**
ツルに似ているが、コウノトリは首と体が白色で、足は赤色

**時期**
1月・2月・3月・11月・12月

大陸からの渡りの途中、ごくまれに日本を通過することがある大型の水鳥。羽毛は白色、翼は金属光沢のある黒色。足は赤く、目の回りに赤いふちどりがある。成鳥になるとほとんど鳴かないが、クチバシを激しく開閉してカタカタと音を出す「クラッタリング」と呼ばれる動作を行う。ツル類にやや似るが、クチバシの太さや長さ、顔や首の模様、翼上面が違う。ちなみに、童話で赤ちゃんを運んでくるのは、特別天然記念物に指定されている日本のコウノトリではなく、クチバシの赤い西洋のコウノトリ。

## 泳ぎや潜水はまかせて!
# カイツブリ

カイツブリ　カイツブリ目カイツブリ科

**鳴き声** 》）**キリキリキリ**

羽

次列風切

### 見分けるポイント

| 時期 | |
|---|---|
| 寒地 | 暖地 |
| 1月 | 1月 |
| 2月 | 2月 |
| 3月 | 3月 |
| 4月 | 4月 |
| 5月 | 5月 |
| 6月 | 6月 |
| 7月 | 7月 |
| 8月 | 8月 |
| 9月 | 9月 |
| 10月 | 10月 |
| 11月 | 11月 |
| 12月 | 12月 |

**生息地**
- 公園・川・湖沼

**大きさ**
- 約26cm
- ムクドリより大きい

**色**
- 黒褐色

**特徴**
尾羽が短いためカモの雛のように見えるが、クチバシは尖っている

鳴き声・QRコード

　　本州中部以南の河川や湖沼に生息する留鳥。北海道や東北部にも生息するが、冬の間は水面が凍りつくため、南へ移動する場合がある。生活は水上が中心。水生植物の葉や茎を利用して水上やアシ原に巣を作る。翼が短く、飛ぶことは得意ではない（歩くことも苦手で、繁殖期以外はほとんど陸に上がらない）。カモのような水かきはないが、足の指にひれがあり、潜水してフナやタナゴなどの魚や昆虫類などをつかまえる。

# 水辺にいる鳥 ◀◀◀ 112

## 歩くことよりも、泳ぐことが好きです
## オオバン

オオバン　ツル目クイナ科

**鳴き声** 🔊 キッ、キュルッ

羽

初列風切

　東北地方以北では夏鳥だが、それより南では留鳥、または春になると北へ帰っていく冬鳥となる。白い額が目印。生息環境はバンとほとんど変わらないが、より開けた水辺環境を好み、餌が豊富な湖や池では数千羽もの大群を形成。「弁足」と呼ばれるひれ状の独特の水かきを使って、バンよりも上手に泳ぎ回り、潜ったりする。繁殖期には縄張り意識が強くなり、他の個体が侵入すると足とクチバシを振って激しく追い立てる。

鳴き声・QRコード

### 見分けるポイント

**生息地**
- 公園・川・湖沼・海

**大きさ**
- 約39cm
- ハトよりも大きい

**色**
- 黒色

**特徴**
額にはクチバシとつながった額板があり、クチバシとともにピンクがかった白

| 時期 | |
|---|---|
| 寒地 | 暖地 |
| | 1月 |
| | 2月 |
| | 3月 |
| 4月 | 4月 |
| | 5月 |
| | 6月 |
| | 7月 |
| | 8月 |
| 9月 | 9月 |
| | 10月 |
| | 11月 |
| | 12月 |

## 鈍そうに見えるが、泳ぎは意外に上手

# バン

バン ツル目クイナ科

鳴き声 ))) **ククッ**

(羽) 次列風切

### 見分けるポイント

| 時期 | |
|---|---|
| 寒地 | 暖地 |
| 1月 | 1月 |
| 2月 | 2月 |
| 3月 | 3月 |
| 4月 | 4月 |
| 5月 | 5月 |
| 6月 | 6月 |
| 7月 | 7月 |
| 8月 | 8月 |
| 9月 | 9月 |
| 10月 | 10月 |
| 11月 | 11月 |
| 12月 | 12月 |

**生息地**
- 公園・田・川・湖沼

**大きさ**
- 約32cm
- ハトとほぼ同じ大きさ

**色**
- 黒紫色

**特徴**
体は黒紫色、背中は若干緑色を帯びる。額板は赤、クチバシの先は黄色

　春から秋にかけて全国各地の水辺で見られる夏鳥だが、中部地方以南の暖地では一年中観察することができる。アシやハスなどの水草が生い茂る湖沼や河川、湿地、水田に生息し、都会の公園の池でも見かけることがある。長い足を高く上げて水辺や浮草の上を歩き、足に水かきはないが、泳ぐことも水に潜ることもできる。主食は水草で、小魚や昆虫なども食べる。アシ原などに水生植物の茎や葉を積み上げて巣を作る。額にはクチバシとつながった額板があり、繁殖期には額板とクチバシの根元が赤く染まる。

水辺にいる鳥 ◀◀◀ 113

バンの足は、水鳥なのにヒレがありません。本当は泳ぐのが大変なのでは？

古代ハスの葉の上で雛に給餌する親鳥

## 公園のカルガモ一家は地域の人気者
# カルガモ

カルガモ　カモ目カモ科

**鳴き声** 🔊 **グェッグェッグェッ**

羽

次列風切

### 見分けるポイント

| 時期 | |
|---|---|
| 寒地 | 暖地 |
| 1月 | 1月 |
| 2月 | 2月 |
| 3月 | 3月 |
| 4月 | 4月 |
| 5月 | 5月 |
| 6月 | 6月 |
| 7月 | 7月 |
| 8月 | 8月 |
| 9月 | 9月 |
| 10月 | 10月 |
| 11月 | 11月 |
| 12月 | 12月 |

**生息地**
● 街中・公園・田・川・湖沼・干潟

**大きさ**
● 約60cm

**色**
● 茶褐色

**特徴**
黒いクチバシの先に、黄色の模様。顔が白く、目を通って黒い線がある

　本州以南の平野部に分布するもっともポピュラーなカモ。北海道の寒地で繁殖したものは一部、越冬のために暖かい地方に移動することがある。全身は茶褐色で、尾に近づくほど茶色が濃くなる。カモ類としては珍しく、オスメス同色。野外での識別は難しい。湖沼、河川、海岸、干潟、水田などの水辺に近い草地に巣を作り、春から夏にかけて繁殖。毎年６月頃に、雛を引き連れた一夫一妻のつがいの姿を見ることができる。主食は、水草や草の種子。水際に生育するイネの実も食べる。

水辺にいる鳥 ◀◀◀ 115

## 水面を泳ぐのは得意ですが潜れません
# マガモ

マガモ　カモ目カモ科

鳴き声))) **グヮグヮァーグヮァー**

羽

次列風切

北海道から南西諸島まで日本全国に冬鳥として渡来する。北海道や本州中部の山地で少数が繁殖する。オスは頭が光沢のある濃い緑色で、首に白い輪がある。クチバシは黄色。メスは体が茶褐色で、クチバシ周辺がオレンジ色をしている。他のカモ類と見分ける時は、頭やクチバシ周辺の色を見る。湖沼、河川、海岸などの水辺に生息し、公園の池などにもやってくる。地上を歩いて草の実や種をついばんだり、逆立ちして水中の水草を採ったりする。秋の終わり頃から求愛を行い、冬の間につがいをつくる。

### 見分けるポイント

**生息地**
- 公園・川・湿原・湖沼・干潟

**大きさ**
- 約59cm

**色**
- オスの頭は緑色光沢
- メスの体は茶褐色

**特徴**
オスのクチバシは黄色。メスはクチバシ周辺がオレンジ色

| 時期 | |
|---|---|
| 北海道 | 本州以南 |
| | 1月 |
| | 2月 |
| | 3月 |
| 4月 | 4月 |
| | 5月 |
| | 6月 |
| | 7月 |
| | 8月 |
| 9月 | 9月 |
| | 10月 |
| | 11月 |
| | 12月 |

# 水辺にいる鳥

## 逆立ちなら誰にも負けません
## オナガガモ

オナガガモ　カモ目カモ科

**鳴き声** クワッ、クワッ、クワッ

羽 / 尾羽

### 見分けるポイント

| 時期 |
|---|
| 1月 |
| 2月 |
| 3月 |
| 4月 |
| ~~5月~~ |
| ~~6月~~ |
| ~~7月~~ |
| ~~8月~~ |
| ~~9月~~ |
| 10月 |
| 11月 |
| 12月 |

**生息地**
- 公園・田・川・湖沼・干潟・海

**大きさ**
- オス　約75cm
- メス　約53cm

**色**
- 褐色

**特徴**
名前の通りに、尾羽が長いのが特徴。首の前面は白い

鳴き声・QRコード

全国各地の湖沼や河川、海岸に渡来する冬鳥。マガモよりやや大きく、体型もスマートで、首と尾羽が長いのが特徴。オスは頭が黒褐色で、白い首が目立ち、メスは全体が褐色で黒褐色の斑紋がある。昼間は体を休めていることが多いが、夕方になると水田や湿地に移動。水面で採食したり、逆立ちして首を伸ばし、水底の堆積物をついばむ。数が非常に多く、市街地の公園の池などでは餌付けされたオナガガモをよく見かける。

長い尾羽がピンと上を向いて出ているので、いつも姿勢がよく見える

都内の公園で、朝霧の中、オスとメスが寄り添うように泳いでいた

### スコップのようなクチバシ、特許出願中
# ハシビロガモ

ハシビロガモ　カモ目カモ科

**鳴き声** 🔊 **クエッ、クエッ**

(羽) 次列風切

## 見分けるポイント

| 時期 |
|------|
| 1月 |
| 2月 |
| 3月 |
| 4月 |
| 5月 |
| 6月 |
| 7月 |
| 8月 |
| 9月 |
| 10月 |
| 11月 |
| 12月 |

**生息地**
- 公園・田・川・湖沼・干潟・海

**大きさ**
- 約50cm

**色**
- オスの頭は緑色光
- メスの体は褐色

**特徴**
クチバシが他のカモ類より大きく、体は小さい

　秋になると本州以南にやってくる冬鳥。河川や湖沼、湿地、干潟などで観察できる。このカモはオスの羽色が変わる時期が比較的遅い。最大の特徴は、スコップのように端が広がった大きなクチバシ（これが和名の由来）。水面ではクチバシを左右に動かして、集めたプランクトンや植物を丸飲みし、クチバシにあるブラシ状のものでこして食べる。集団で水面をぐるぐる回って渦を作り、その中心に食べ物を集めて採食することから、「クルマガモ（車鴨）」とも呼ばれている。

水辺にいる鳥 ◀◀◀ 118

## 「小鴨」です。カモの子供じゃありません
# コガモ

コガモ　カモ目カモ科

鳴き声 ))) ピフィッピフィッ

羽

次列風切

　淡水カモの仲間では日本最小（名前は小型のカモの意）。秋から冬にかけて日本にきて越冬する（ごく少数が北海道や本州の一部で繁殖）。全国各地で見られ、市街地の河川や湖沼、公園の池などで観察される。メスは全体的に褐色。カモ類の中では冬の渡りの時期が早く、春の渡りがやや遅め。繁殖期以外は数羽の群れで生活し、11〜1月頃に求愛を行ない、冬の間にペアをつくる。主食は藻や水草。夜間に採食することが多い。

鳴き声・QRコード

### 見分けるポイント

| 生息地 | 時期 |
|---|---|
| ●公園・川・湖沼・干潟 | 1月 |
| | 2月 |
| 大きさ | 3月 |
| ●約37cm | 4月 |
| ●キジバトよりも一回り大きい | |
| 色 | |
| ●体は灰色 | |
| 特徴 | 9月 |
| オスは頭部が茶色で、目のまわりから首にかけてが緑色 | 10月 |
| | 11月 |
| | 12月 |

# クリーム色のモヒカン頭がカッコいい!?
## ヒドリガモ

ヒドリガモ　カモ目カモ科

**鳴き声** 🔊 ピューゥ、ピューゥ

羽

背羽

### 見分けるポイント

| 時期 |
|---|
| 1月 |
| 2月 |
| 3月 |
| 4月 |
| 5月 |
| 6月 |
| 7月 |
| 8月 |
| 9月 |
| 10月 |
| 11月 |
| 12月 |

**生息地**
- 公園・川・湖沼・干潟・海

**大きさ**
- 約48cm
- キジバトよりも大きい

**色**
- オスは頭が茶
- メスは体が褐色

**特徴**
オスはクリーム色の額、メスは他のカモ類より色が濃い

鳴き声・QRコード

　オナガガモ、マガモ、コガモと並んで、日本でもっとも普通に観察できるカモ類。全国に飛来する冬鳥で、湖沼や河川、農地、河口付近の海岸、公園の池などに生息している(北海道では厳冬期よりも春と秋によく見られる)。草の葉や茎を主食とするが、海岸の岩場についた海草や海藻も好んで食べる。そのため、他の淡水カモ類とくらべて海で見かけることが多い。昼間は群れの中で休息し、夕方から明け方にかけて採食する。

オスは繁殖期を過ぎると一時的にメスのような色合いになる

ヒドリガモの群れにカルガモが1羽

## 水辺にいる鳥

### ここだけの話、夫だけが美形なんです
# オシドリ

オシドリ　カモ目カモ科

**鳴き声** 》》 **クアッ、クアッ**

羽

尾羽

### 見分けるポイント

| 時期 | |
|---|---|
| 寒地 | 暖地 |
| 1月 | 1月 |
| 2月 | 2月 |
| 3月 | 3月 |
| 4月 | 4月 |
| 5月 | 5月 |
| 6月 | 6月 |
| 7月 | 7月 |
| 8月 | 8月 |
| 9月 | 9月 |
| 10月 | 10月 |
| 11月 | 11月 |
| 12月 | 12月 |

**生息地**
- 公園・川・低山・渓谷・湖沼

**大きさ**
- オス　約53cm
- メス　約43cm

**色**
- オスはカラフル
- メスは全体に灰褐色

**特徴**
繁殖期のオスは、飾り羽と赤いクチバシ。メスは灰褐色で、黒いクチバシ

鳴き声・QRコード

　全国的に分布し、北海道、本州、九州で繁殖する留鳥（東北地方以北のものは越冬のために暖地に渡ってしまうことが多い）。5〜6月頃の繁殖期、オスは大きな銀杏羽をもち、全身がカラフルに彩られるが、対照的にメスは地味な灰褐色。光の当たらない水辺を好み、近くの森林の樹洞（樹木の空洞部分）に巣をつくる。オシドリは仲のよい夫婦の象徴とされるが、繁殖期以外ではオスメスは別行動をとり、オスは一年ごとに相手を替える。

## 飛び立つ「雁行」は圧巻
# マガン

マガン　カモ目カモ科

**鳴き声** 🔊 キャラハン、キャラハン

羽

初列風切

東北地方や北陸地方などに大群で渡ってくる冬鳥（北海道では渡りの途中に「旅鳥」として飛来する）。宮城県の伊豆沼周辺は一大越冬地として知られ、Ｉ字形やＶ字形のきれいな編隊を組んで飛翔する「雁行」は地域の冬の風物詩になっている。主な生息環境は、湖沼や河川。早朝や夕方、数百～数万羽の群をつくって移動し、落ちた米や雑草の種子などを採食する。昼間は水辺から離れた場所で過ごし、夜は湖や沼などの水面で休息する。

鳴き声・QRコード

### 見分けるポイント

| 生息地 |
|---|
| ●農地・田・湖沼・海 |

| 大きさ |
|---|
| ●約72cm |

| 色 |
|---|
| ●暗褐色 |

| 特徴 |
|---|
| 額からクチバシにかけて広がる白い斑紋 |

| 時期 |
|---|
| 1月 |
| 2月 |
| 3月 |
| 4月 |
| 5月 |
| 6月 |
| 7月 |
| 8月 |
| 9月 |
| 10月 |
| 11月 |
| 12月 |

## ガハハーンと豪快に鳴く、雁の仲間
# ヒシクイ

ヒシクイ　カモ目カモ科

**鳴き声**)) ガハハン、ガハハン

羽　初列風切

### 見分けるポイント

| 時　期 |
|---|
| 1月 |
| 2月 |
| 3月 |
| 4月 |
| 5月 |
| 6月 |
| 7月 |
| 8月 |
| 9月 |
| 10月 |
| 11月 |
| 12月 |

**生息地**
- 田・湖沼・干潟

**大きさ**
- 約85cm

**色**
- 暗褐色

**特徴**
マガンによく似ているが、やや大きく全体に暗い色。目印は、オレンジ色のクチバシの先

鳴き声・QRコード

　北海道、本州、九州の各地に越冬のために飛来する冬鳥（日本には2種類の亜種が確認されている）。湖沼や湿地、川原、海岸、干潟などに生息し、昼間は水辺から離れた場所で過ごす。和名の「菱喰」は、ヒシの実をとくに好んで食べることに由来。あたりが暗くなると農耕地などに移動し、イネ科の植物や水辺に生えるマコモの根などを採食する。ふだんは群れで行動し、夜は大きな水場に集まって休む。警戒心が非常に強い。

## 水辺にいる鳥

ちょっぴり小型です

# コハクチョウ

コハクチョウ　カモ目カモ科

**鳴き声** ))) コォーコォーコォー

羽

大雨覆

　オオハクチョウより一回り小さな白鳥。日本では冬鳥として北日本や日本海側に渡来する。オオハクチョウよりも南の地域で越冬するものが多く、越冬地では湖沼や河川、内湾などに生息。成鳥は白色だが、幼鳥は全体が褐色がかっていて、くすんだ白色に見える。いくつかの家族で群れ、朝晩、ねぐらと採食場を往復して過ごす。地上を歩きながら植物の種子をついばんだり、長い首を水中に突っ込んで水底の草や茎、堆積物を食べる。

鳴き声・QRコード

### 見分けるポイント

**生息地**
- 田・川・湖沼・海

**大きさ**
- 約120cm

**色**
- 白色

**特徴**
クチバシの黄色部分が小さい。首が太めで短く、頭の形も丸い

| 時期 |
|---|
| 1月 |
| 2月 |
| 3月 |
| 4月 |
| 5月 |
| 6月 |
| 7月 |
| 8月 |
| 9月 |
| 10月 |
| 11月 |
| 12月 |

## 日本鳥界の最重量級は声も大きい
# オオハクチョウ

オオハクチョウ　カモ目カモ科

鳴き声 ))) コーココココー

羽

三列風切

### 見分けるポイント

| 時期 |
|---|
| 1月 |
| 2月 |
| 3月 |
| 4月 |
| 5月 |
| 6月 |
| 7月 |
| 8月 |
| 9月 |
| 10月 |
| 11月 |
| 12月 |

**生息地**
- 田・川・湖沼・海

**大きさ**
- 約140cm

**色**
- 白色

**特徴**
頭の形に丸みがなく、クチバシの黄色い部分が大きい。若鳥は灰色

鳴き声・QRコード

　北海道〜本州に冬鳥として渡来する、大型の白鳥。北海道では、春秋の2回、越冬地を往復するときに立ち寄る「旅鳥」として観察される。冬の間は湖沼や河川、内湾などに棲みつき、長い首を水中に入れてアマモやアシなどの根や茎を採食。満腹になると頭を背に乗せて体を休める（日本の代表的な越冬地では人がパンくずなどを与えている場合が多い）。見た目の優雅さと違って体は重く、離陸時は助走が必要になる。

親鳥と若鳥のペア。
クチバシから落ちる
水滴が光ってきれい

ゆっくりと水面を泳
いで行く姿は優雅

125 ▶▶▶ 水辺にいる鳥

## 1分以上、水深10m近くまで潜れます

# カワウ

カワウ　ペリカン目ウ科

**鳴き声** グワワワァーグワワワァー

羽
初列風切

### 見分けるポイント

| 時期 |
|---|
| 1月 |
| 2月 |
| 3月 |
| 4月 |
| 5月 |
| 6月 |
| 7月 |
| 8月 |
| 9月 |
| 10月 |
| 11月 |
| 12月 |

**生息地**
●街中・公園・川・湖沼・干潟・海

**大きさ**
●約82cm

**色**
●光沢のない黒色

**特徴**
顔の白い部分に丸みがあり、尾羽は長めの円尾。クチバシは先がかぎ形

鳴き声・QRコード

本州以南の河川や湖沼、河口付近などに生息する留鳥。全国的に見るとほぼ1年中繁殖しているが、青森県の一部で繁殖したものは冬は暖地に移動する。尾を舵のように巧みに操って潜水し、主に魚類を採食。水中で捕まえた魚は水面に出てから呑み込む。一夫一妻で、枯れ枝などを利用して樹上や鉄塔などに営巣。環境の悪化により一時は生息数を減らしたが、近年は河川水質の向上で餌となる魚が増え、その数を飛躍的に増やしている。

## 巧の鳥・撮り コラム④ Takumi

野鳥は難しい被写体。だからこそ、うまく撮れたときの喜びは格別です

## 「カワセミとの運命の出会い」

　私が野鳥を撮るきっかけになったのは、カワセミとの出会いでした。1991年、東京都東村山市の北山公園にコスモスを撮りに行ったときに、たまたま川辺で見つけたカワセミ。その色の美しさに一瞬で引き込まれました。小さな頃から動物は好きで、高校生の時には写真部に所属していたので、のめり込む要素は元から持ち合わせていたものの、本格的に野鳥撮影を始めようと思ったのは、このカワセミとの"運命の"出会いがあったからでした。

　野鳥撮影の醍醐味には、まず野鳥に出会える喜びがあります。撮れなくても会えるだけで嬉しいものです。そして、なんといっても出会った野鳥を写真に収めること。飛んでいる鳥の進行方向にカメラを向けつつ、ピントを合わせる…。野鳥撮影ではいろいろな技術を駆使しなくてはいけません。それでもなかなか撮れないところにも魅力があるのですが、ファインダーに的確に野鳥を配置して、シャッターを押すときのドキドキ感は、昔も今もまったく変わりません。このときの感動を再び味わうために、野鳥に会いにいくといっても過言ではありません。デジスコなども普及して、ずいぶんと身近になってきた野鳥撮影。いつもの鳥見にカメラをプラスして、撮影の楽しさもプラスしてもらえれば嬉しいですね。

# 第5章
# 海にいる鳥

海にいる野鳥を紹介します。

▲ ミヤコドリ

●海にいる鳥チェックリスト

- [ ] イソヒヨドリ
- [ ] ミサゴ
- [ ] コアジサシ
- [ ] ユリカモメ
- [ ] ウミネコ
- [ ] ミヤコドリ
- [ ] セイタカシギ
- [ ] シロチドリ
- [ ] ダイシャクシギ
- [ ] オオソリハシシギ
- [ ] キアシシギ
- [ ] アオアシシギ
- [ ] キンクロハジロ
- [ ] ホシハジロ

> 海にいる鳥

## ヒヨドリではなくツグミの仲間です
# イソヒヨドリ

イソヒヨドリ　スズメ目ツグミ科

**鳴き声** ))) **ホイピーチョリ**

(羽) 背

### 見分けるポイント

| 時期 |
|---|
| 1月 |
| 2月 |
| 3月 |
| 4月 |
| 5月 |
| 6月 |
| 7月 |
| 8月 |
| 9月 |
| 10月 |
| 11月 |
| 12月 |

**生息地**
- 海

**大きさ**
- 約25cm
- ハトより小さい

**色**
- 青、赤茶色

**特徴**
オスは胸から上が青、腹は赤茶色。メスは全体暗褐色でうろこ模様がある

鳴き声・QRコード

　名前はヒヨドリだが、ヒヨドリではなくツグミの仲間である。ぴょんぴょん飛び跳ねたり急に立ち止まったり、とツグミの仲間特有の動きをする。世界的には高山地帯に生息するが、日本では海岸付近に多く見られる。最近では都市部のビル周辺でも見られるようになった。食べ物にこだわりが少なく、岩場にいる甲殻類からトカゲなどの小動物、植物の実まで食べる。都市に進出している背景には、こうした雑食性も関係している。

## 水辺のタカ
# ミサゴ

ミサゴ　タカ目タカ科

**鳴き声** 🔊 ピョッピョッ

(羽) 初列風切

留鳥として全国に分布している。海岸や湖など開けた水場で見られる。翼の形は独特で、中ほどで少し前面に張り出しているように見える。体色は首から胴、翼の内側にかけて白く、飛んだときに白っぽく見える。沖合の杭などに止まり休んでいる姿がよく見られる。空中から水面に飛び込んで、魚を捕まえる捕食の瞬間は、迫力満点である。魚の気配を感じると、空中一点に留まって飛び、魚めがけて脚から水中に入って魚を捕らえる。こうした生態のため、タカというよりはシルエットがカモメに近い印象を与える。

### 見分けるポイント

**生息地**
- 川・湖沼・干潟・海

**大きさ**
- オス　約54cm
- メス　約64cm
- カラスより大きい

**色**
- 黒褐色、白

**特徴**
翼上面は黒褐色で下面は白色部が多い。爪はかぎ型で長く鋭い。

**時期**: 1月／2月／3月／4月／5月／6月／7月／8月／9月／10月／11月／12月

# 128 ▶▶▶ 海にいる鳥

### 黄色いクチバシをもった仲間たち
# コアジサシ

コアジサシ　チドリ目カモメ科

**鳴き声** フィッ、フィッ、フィイイィッ、フィッ

羽　初列風切

## 見分けるポイント

| 時期 |
|---|
| 1月 |
| 2月 |
| 3月 |
| 4月 |
| 5月 |
| 6月 |
| 7月 |
| 8月 |
| 9月 |
| 10月 |
| 11月 |
| 12月 |

**生息地**
● 川・湖沼・干潟・海

**大きさ**
● 約28cm

**色**
● 白、黒、灰色

**特徴**
下面は白、後頭は黒い。背と翼は灰色。夏羽は黄色、脚がオレンジ色だが、冬羽は黒くなる

鳴き声・QRコード

本州以南に夏鳥として飛来し繁殖する。繁殖期には、集団でコロニーを形成し子育てをする。そこに外敵が近づくと鋭い声で鳴いて追い掛け回したり、急降下して糞をかけたりなど集団攻撃をしかける性質がある。それでも、巣立てる雛はごくわずか。オスがメスに食べ物を与えて、つがいの申し出をする習性がある。オスは捕まえてきた魚をくわえてメスに近づき、メスは魚を受け取ると頭を下げて交尾を促す。もちろん受け取らないこともある。

海にいる鳥◀◀◀ **128**

仮設駐車場の砂利の上で、小石を少しどかして作った巣

小石が混じった土の上で営巣しているコアジサシの親子

## 『伊勢物語』の「都鳥」
# ユリカモメ

ユリカモメ　チドリ目カモメ科

鳴き声 » **ギューイ、ギィ**

羽

初列風切

### 見分けるポイント

| 時期 |
|---|
| 1月 |
| 2月 |
| 3月 |
| 4月 |
| 5月 |
| 6月 |
| 7月 |
| 8月 |
| 9月 |
| 10月 |
| 11月 |
| 12月 |

**生息地**
● 公園・川・湖沼・干潟・海

**大きさ**
● 約40cm

**色**
● 白

**特徴**
夏羽は全身白っぽく、頭部だけ黒ずむ。冬羽はクチバシと脚が赤くなる

　冬鳥として全国に飛来する。本州以南で越冬するものが多い。日本にやってくる小型のカモメ類のほとんどがユリカモメである。数十羽から百羽の群れで生活する。雑食性で、基本的には魚や甲殻類を捕食するが、昆虫類、死肉、果実、ゴミなど様々なものを食べる。人からの給餌にもよく慣れる。伊勢物語など日本の古典文学に登場する「都鳥」はこのユリカモメであるとする説が有力。江戸時代には隅田川の名物になり、現在は東京都の都鳥でもある。鳴き声はウミネコより細くしゃがれている。

都内の公園にいるユリカモメ。海だけではなく、公園などの水辺にもやってくる

近年、人との距離も近くなり、人の手から餌を取ることもある

## 港のカモメといえばウミネコ
# ウミネコ

ウミネコ　チドリ目カモメ科

羽

初列風切

鳴き声 )) **クワーオ、クワクワクワクワ、ミャーミャー**

### 見分けるポイント

| 時期 |
|---|
| 1月 |
| 2月 |
| 3月 |
| 4月 |
| 5月 |
| 6月 |
| 7月 |
| 8月 |
| 9月 |
| 10月 |
| 11月 |
| 12月 |

**生息地**
●川・湖沼・干潟・海

**大きさ**
●約46cm

**色**
●白、灰色、黄色

**特徴**
背と翼上面が濃青灰色。脚とクチバシは黄色。クチバシの先端に赤と黒の斑紋

鳴き声・QRコード

全国で1年中見られる唯一のカモメ類。各地で大群が見られる。そのため、カモメといえばウミネコを連想する人が多い。鳴き声が猫に似ていることが名前の由来とされている。他の鳥に見られないほどの雑食性と貪欲さを持つ。漁船が港に入ってくると、おこぼれにあずかろうとめざとく集まり、船から魚がこぼれると奪い合うようについばむ。この時、威嚇の鳴き声をあげるため、大変にぎやかになる。飛ぶと尾の先に黒い帯がでる。

## 貝を食べるのに適した赤いクチバシ
# ミヤコドリ

ミヤコドリ　チドリ目ミヤコドリ科

**鳴き声** )) ピーッピーッ

羽

初列風切

　九州北部と関東地方に、旅鳥もしくは冬鳥として飛来する。他の地域ではあまり見ることができない。頭部から胸までと、上面は黒。胸から腹、翼にかけて白い翼帯のコントラストが面白い。クチバシと短い脚は赤く、オスメス同色。二枚貝を食べる習性をもち、赤く縦に平たいクチバシの先端を、カキのような二枚貝の間にさしこんで、貝柱を切断し、殻を開いて中身を食べる。他にゴカイや甲殻類も食べる。戦後はとても珍しい鳥とされていたが、近年は見られる機会が増えてきた。アイルランドの国鳥でもある。

### 見分けるポイント

| 生息地 | 時期 |
|---|---|
| ●干潟・海 | 1月 |
| **大きさ** | 2月 |
| ●約45cm | 3月 |
| ●カラスより小さい | 4月 |
| **色** | 5月 |
| ●白、黒、赤 | 6月 |
| **特徴** | 7月 |
| 上面は黒、胸から腹、翼にかけて白。長いクチバシと短い脚は赤い | 8月 |
| | 9月 |
| | 10月 |
| | 11月 |
| | 12月 |

## 美しいピンクの脚
# セイタカシギ

セイタカシギ　チドリ目セイタカシギ科

鳴き声 ))) ピューイ、ピュイーイ

羽 — 初列風切

### 見分けるポイント

| 時 期 |
|---|
| 1月 |
| 2月 |
| 3月 |
| 4月 |
| 5月 |
| 6月 |
| 7月 |
| 8月 |
| 9月 |
| 10月 |
| 11月 |
| 12月 |

**生息地**
● 田・湖沼・干潟・海

**大きさ**
● 約32cm

**色**
● 白、黒、ピンク色

**特徴**
長く淡紅色の脚。背面は緑色光沢のある黒。クチバシも黒く、残りの部分は白い

鳴き声・QRコード

　旅鳥として全国に飛来する。かつては日本に生息しなかったが、近年では千葉県の谷津干潟を筆頭に全国で観察例が増えている。水田や干潟に単独、つがい、もしくは小群で生活する。夏羽は後頭部が黒くなる。脚が長く、その脚を生かして深めの水の中にまで入り、虫や小魚を捕食する。脚を曲げ、クチバシを水面と水平に近い角度にし、水中に斜めに差し込んで捕食する姿が特徴的である。長く美しい脚が名前の由来となっている。

セイタカシギの雛。成鳥と同じく、体は小さくても脚は長い

海のない埼玉県内の造成地で営巣しているときの記録。すぐ近くには国道、JR が走り、日本最大のショッピングセンターもある場所だった

133 ▶▶▶ 海にいる鳥

## あっちにこっちに、せわしなく動き回る
# シロチドリ

シロチドリ　チドリ目チドリ科

鳴き声 ))) **ピュルピュル、ケレケレケレ**

(羽) 初列風切

### 見分けるポイント

| 時期 | |
|---|---|
| 北海道 | 本州以南 |
| 1月 | 1月 |
| 2月 | 2月 |
| 3月 | 3月 |
| 4月 | 4月 |
| 5月 | 5月 |
| 6月 | 6月 |
| 7月 | 7月 |
| 8月 | 8月 |
| 9月 | 9月 |
| 10月 | 10月 |
| 11月 | 11月 |
| 12月 | 12月 |

**生息地**
- 川・湖沼・干潟・海

**大きさ**
- 約17cm
- スズメより大きい

**色**
- 白、栗色

**特徴**
後頭と体の上面が栗色で下面は白い。脚は黒い。比較的大きな目

　夏鳥として日本にやってくるほか、本州以南に留鳥として生息する。河川敷や中洲などに数組のつがいが集まり、地面に巣をつくる。走りながら大きな目で獲物を見つけるのが得意。小さな甲殻類や、昆虫類、ゴカイ、貝などを食べる。急発進や急停止、急な方向転換など、せわしない動きが特徴的。頭がブレないように一定の高さを保ったまま走り回る。危険を察知すると、バラバラに離れていても同じ瞬間に飛び立つ。三重県の県鳥でもある。イルカチドリやコチドリと似ているが、首の黒い線が前で切れている。脚も黒い。

# 海にいる鳥 ◀◀◀ 134

干潟のハンター

# ダイシャクシギ

ダイシャクシギ　チドリ目シギ科

**鳴き声** ケケケ、カーリュー、カーリュー

羽

初列風切

　旅鳥として全国各地に飛来するが、日本海沿岸には少ない。日本に飛来するシギ類の中では最大クラスである。名前は、その大きく反ったクチバシに由来する。脚は青みがかった灰色。遠浅の海にいて、甲殻類やゴカイ、貝類などを捕食する。泥の中にクチバシを深く差し込み、探りながらカニを捕食する姿は、大きな体とも相まってダイナミックな印象を与える。片脚で立ち、クチバシを背中の羽に入れて休息している姿も特徴的である。

鳴き声・QRコード

## 見分けるポイント

| 生息地 | 時期 |
|---|---|
| ●干潟・海 | 1月 |
| **大きさ** | 2月 |
| ●約60cm | 3月 |
| ●カラスより大きい | 4月 |
| **色** | 5月 |
| ●淡褐色 | 6月 |
| **特徴** | 7月 |
| 極端に長く湾曲したクチバシ。全身は淡褐色。腹部から尾にかけて白い | 8月 |
| | 9月 |
| | 10月 |
| | 11月 |
| | 12月 |

## 長く反った自慢のクチバシ
# オオソリハシシギ

オオソリハシシギ　チドリ目シギ科

鳴き声　ケッケッケッ

羽　初列風切

### 見分けるポイント

| 時期 |
|---|
| 1月 |
| 2月 |
| 3月 |
| 4月 |
| 5月 |
| 6月 |
| 7月 |
| 8月 |
| 9月 |
| 10月 |
| 11月 |
| 12月 |

生息地
●田・干潟・海

大きさ
●約41cm

色
●褐色

特徴
夏羽は全身が赤褐色を帯びる。背面に黒い軸斑と白斑。クチバシは長く反っている

　全国各地に飛来する旅鳥で、春や晩夏に現れることが多い。干潟や水田などの砂泥地で数十羽の群れが見られる。その長く反ったクチバシを泥に刺したり、泥の表面をなでるように振ったりして、泥の中の甲殻類、貝、虫などを食べる。夏羽は全体が赤褐色を帯び美しいが、冬羽になると色が褪せる。オスのほうがメスよりも体が大きく、クチバシも大きい。頭を小刻みに上下させてウロウロしている姿が特徴的である。オグロシギによく似ているが、オグロシギはクチバシに反りがなく真っ直ぐ。

# 海にいる鳥 ◀◀◀ 136

## 背面の広がる灰褐色
# キアシシギ

キアシシギ　チドリ目シギ科

**鳴き声** )) ピュー、ピュイピィピィ

（羽）初列風切

　全国で見ることができる。干潟、水田、川岸だけでなく、河川の中流域にも飛来し、川原や中洲でも見られる。秋いちばんに日本へ来る鳥。群れで行動し、浅瀬や岸辺で甲殻類、虫を食べる。クチバシを半開きにし、水につけ、すばやく前進して魚を追うこともある。飛んだときに背面の模様がまったく出ない。流木やテトラポットに止まって休むこともある。旅鳥なので、シベリア北東部で繁殖し、オーストラリアへ渡り越冬する。

鳴き声・QRコード

### 見分けるポイント

| 生息地 | 時期 |
|---|---|
| ●田・川・干潟・海 | 1月 |
| **大きさ** | 2月 |
| ●約25cm | 3月 |
| **色** | 4月 |
| ●灰褐色 | 5月 |
| **特徴** | 6月 |
| 背面が一様に灰褐色で、翼、腰などに目立つ模様がまったくない点が特徴である。 | 7月 8月 9月 10月 11月 12月 |

## 採った魚はテイクアウト
# アオアシシギ

アオアシシギ　チドリ目シギ科

**鳴き声** キョキョキョ、ピョピョピョ、ピヨ

羽　初列風切

### 見分けるポイント

| 時期 |
|---|
| 1月 |
| 2月 |
| 3月 |
| 4月 |
| 5月 |
| 6月 |
| 7月 |
| 8月 |
| 9月 |
| 10月 |
| 11月 |
| 12月 |

**生息地**
- 田・川・湖沼・干潟・海

**大きさ**
- 約35cm

**色**
- 濃い灰色、白

**特徴**
上面は濃い灰色で、腰は三角形に白い。クチバシは基部が太く、先はやや上に反る。脚は緑青色

鳴き声・QRコード

　ユーラシア大陸の亜寒帯で広く繁殖し、日本には旅鳥として春秋に渡来する。小群で行動することが多く、水田や川岸で群らがる姿が見られる。口笛のような美しい声で鳴く。浅い水中を活発に歩きながら、小魚、水棲昆虫、甲殻類、貝類、オタマジャクシなどの小動物を捕まえる。クチバシを半開きにし、水面につけたまま、すばやく前進して、巧みに魚を捕らえる。魚は岸に運んで頭から飲み込むか、水ですすいでから飲み込む。

水の中で、1本足で
立ったまま寝ている
アオアシシギの群れ

岸で足を曲げお腹を
地面に着けて休むこ
ともある

## 黒い羽のポニーテール
# キンクロハジロ

キンクロハジロ　ガンカモ目ガンカモ科

鳴き声 )) **クルルクルル**

羽 — 初列風切

### 見分けるポイント

| 時期 |
|---|
| 1月 |
| 2月 |
| 3月 |
| 4月 |
| 5月 |
| 6月 |
| 7月 |
| 8月 |
| 9月 |
| 10月 |
| 11月 |
| 12月 |

**生息地**
●公園・川・湖沼・海

**大きさ**
●約40cm

**色**
●黒、白

**特徴**
全身が黒く腹部だけ白い。メスの方が長い

　ユーラシア大陸の亜寒帯で広く繁殖し、日本には主に冬鳥として多数が渡来する。秋、冬、春を通して全国で見ることができる。メスの冠羽は短く伸びた毛のようで、クチバシの基部に細い白色部がでることもある。湖沼、広い川、池で生活し、市街地の公園でも姿を見られる。オスは、黒と白のコントラストが美しく、冠羽をたらし金色の目を持つ。餌は多様で、水中では貝、小魚などの動物質の餌、水草などの植物質も食べる。岸辺や氷上に立って休むことも多い。水面で毛づくろいするときに、仰むけに浮くことがある。

キンクロハジロのつがい。前を泳いでいるのがオス。その後ろをメスがついて泳いでいる

単独でいることは少なく、数羽から数十羽の群れをなして行動することが多い

## 水の上の滑走路
# ホシハジロ

ホシハジロ　ガンカモ目ガンカモ科

鳴き声 ))) **クルックルッ**

羽／背羽

### 見分けるポイント

| 時期 |
|---|
| 1月 |
| 2月 |
| 3月 |
| 4月 |
| 5月 |
| 6月 |
| 7月 |
| 8月 |
| 9月 |
| 10月 |
| 11月 |
| 12月 |

**生息地**
- 公園・川・湖沼・海

**大きさ**
- 約45cm

**色**
- 茶、黒

**特徴**
茶色い頭と黒い胸の中形の鳥。メスは頭部が褐色で目の周りと後ろにぼやけた淡色の線がある

　秋から春に全国で見ることができる。日中は枯れたハスの間などに浮かんで休み、夕方から餌採りを行う。餌は植物質のものを選び、潜水して水草や茎をよく食べる。人の与えた餌も食べる。休むときと食べるときの場所を切り替える習性があり、見かける姿は昼に休んでいるものが多い。飛び立つときは、水面を助走し、早い羽ばたきで直線的に飛ぶ。川や湖沼だけでなく、都会の池で生活することもある。春にシベリア内陸部の繁殖地へ渡り、北海道東部の春採湖では少数が繁殖している。

## 巧の鳥・撮り コラム⑤ Takumi

どこに、どんな鳥が、どんな風にいるのか…。鳥見は推理の積み重ね

## 「野鳥探しは推理小説」

　本書P222に掲載している、コアジサシの写真。コアジサシというと海鳥というイメージが強いと思います。しかし、海だとなかなかここまで寄って撮れる機会がありません。実はこの写真、新しく開発された埼玉県の越谷レイクタウンで撮影したものです。造成された池のほとりが高台になっており、道路を挟んだ近くにコアジサシが営巣していました。営巣地が背になるように待ち構えて、巣に戻ってくるコアジサシのコースを読みながら、飛んでいる姿を撮影しました（営巣地にはもちろん立ち入っていません）。

　生息地を知っていても、お目当ての野鳥に会えるとは限りません。「ここにいそうだな」とアタリをつけながら"探鳥"していくことが大切になります。何度も通った経験が生かされる場面ではありますが、野鳥を見つける一番大きなヒントは、やはり鳴き声です。鳴き声が聞こえれば少なくとも、何かしらの鳥はいることになりますし、声の大きさや方向で大体の位置をつかむことができます。鳴き声で種類が判別できれば、こっちのもの。推理小説のように、野鳥の居場所を探りながら、念願の鳥に出会えれば、野鳥の楽しみがさらに広がること間違いなしです。

# 第6章

# 島鳥

島に生息する鳥は珍しく貴重なものがいっぱいです。

▲ カンムリワシ

●島鳥チェックリスト

- [ ] ルリカケス
- [ ] カンムリワシ
- [ ] アカヒゲ
- [ ] アカコッコ
- [ ] メグロ

## 瑠璃色の翼をもつ美しい鳥
# ルリカケス

ルリカケス　スズメ目カラス科

鳴き声 ))) シャーシャー、ギャーギャー

羽

尾羽

### 見分けるポイント

| 時期 |
|---|
| 1月 |
| 2月 |
| 3月 |
| 4月 |
| 5月 |
| 6月 |
| 7月 |
| 8月 |
| 9月 |
| 10月 |
| 11月 |
| 12月 |

**生息地**
●林・島

**大きさ**
●約38cm

**色**
●青紫、赤茶色

**特徴**
翼は青紫。胴体上面と胸部から腹部にかけて赤茶色の羽毛に覆われている

奄美大島で年間通して見られる。特産種で天然記念物、特殊鳥類に指定されている。餌の採り方が面白く、枝から枝へと飛び移りながら、昆虫類やドングリなどを食べたり、数羽でサツマイモのつるを引っ張り、イモを掘り出してついばんだりする。普段は数羽で群れをつくり行動し、繁殖期はつがいで生活する。巣作りは樹洞で行うことが一般的だが、人家の戸袋に営巣した例もある。島の森林開発や、ハブ対策で移入されたマングースに補食されて減少していたが、保護が進み、個体数は増えてきている。

島鳥 ◀◀◀ 140

シャーシャーというかれた声で鳴く。胸部から腹部にかけては、赤茶色

尾はカケスよりも長く、先端が白い

## 生まれが違えば色彩も多様

# アカヒゲ

アカヒゲ　スズメ目ツグミ科

**鳴き声** ))) ヒーヒーヒョーヒーヒーヒ

### 見分けるポイント

| 時 期 |
|---|
| 1月 |
| 2月 |
| 3月 |
| 4月 |
| 5月 |
| 6月 |
| 7月 |
| 8月 |
| 9月 |
| 10月 |
| 11月 |
| 12月 |

**生息地**
●林・島

**大きさ**
●約14cm

**色**
●赤茶色

**特徴**
コマドリと色彩が似るが、オスは喉が黒くメスは白い。コマドリは顔から胸までオレンジ色

鳴き声・QRコード

　屋久島、種子島、奄美大島、沖縄本島などに生息する美しい特産種。天然記念物と特殊鳥類に指定されている。島によってやや色彩が異なり、3亜種に分けられる。年間通して見ることができる。森林、沢沿いのうす暗い林などで生活し、地上や低い枝を跳ね歩きながら、昆虫類やクモを捕らえて餌にする。歩いている最中に、立ち止まっては胸を反らし、尾を上げてふる。高い木の上ではなく、低木の枝や地上でさえずることが多い。

島鳥 ◀◀◀ **141**

メスはノドが白いので、オスメスの区別は容易

地上や、低い枝の上にいることが多い。繁殖期には、オスは大きな声でさえずる

## 小さい体に大きな生活力

# メグロ

メグロ　スズメ目ミツスイ科

**鳴き声** )) **チュイチョリピューヨ、ヒーホイー**

### 見分けるポイント

| 時　期 |
|---|
| 1月 |
| 2月 |
| 3月 |
| 4月 |
| 5月 |
| 6月 |
| 7月 |
| 8月 |
| 9月 |
| 10月 |
| 11月 |
| 12月 |

**生息地**
- 街中・林・農地

**大きさ**
- 約13cm

**色**
- 黄色、灰褐色、緑褐色

**特徴**
メジロより、やや尾が長く、顔の黒三角斑が特徴。白いアイリング

　小笠原諸島の母島列島の母島、向島、平島だけに留鳥として生息する特産種で、特別天然記念物に指定される。島内の林や集落周辺で年間を通して見られ、目の周りに三角形の黒い模様がある。採餌行動が変化に富んでおり、木の幹で餌を探す、葉の茂みで昆虫を捕まえる、花の蜜を吸う、地上で跳ね歩いて落ちている木の実を食べるなどさまざま。普段は小さな群れで行動するが、夜は２羽で体を寄せあって寝る。繁殖期はつがいで行動する。脚が頑丈で、木の幹に縦に止まったり、木の実を押さえながら食べることもできる。

# 急降下で迫る羽毛の冠
## カンムリワシ

カンムリワシ　タカ目タカ科

鳴き声 ))) ピィピィピエーイ

羽

中央尾羽

　琉球列島南部の西表島、石垣島に生息し、水田や湿地に面した森林で一年中過ごす。腹に白斑が横しま状に並ぶ褐色の羽毛を持つ。興奮すると後頭部の羽毛が逆立ち、短い冠のように見える。獲物を見つけると、羽音を立てずに飛んで、または歩いて近づき、脚で捕らえる。普段は単独で生活する。繁殖期に見せる求愛飛行では、時々小刻みに翼を震わせたり、M字形に翼をすぼめて急降下する行動を交ぜる。主に亜熱帯から熱帯に住む毒蛇・ハブを餌としている。丸みを帯びた体と短めの尾のために太って見える。

### 見分けるポイント

| 生息地 | 時期 |
|---|---|
| ●林・森・農地・田 | 1月 |
| 大きさ | 2月 |
| ●約55cm | 3月 |
| 色 | 4月 |
| ●褐色 | 5月 |
| 特徴 | 6月 |
| 翼幅が広く、尾が短いため、飛翔中は尾羽が抜け落ちたように見える | 7月 |
| | 8月 |
| | 9月 |
| | 10月 |
| | 11月 |
| | 12月 |

## あなたのとなりにせまるやつ
# アカコッコ

アカコッコ　スズメ目ツグミ科

**鳴き声** 🔊 **キョロロ、キュルル**

（頭）

尾羽

### 見分けるポイント

| 時期 |
|---|
| 1月 |
| 2月 |
| 3月 |
| 4月 |
| 5月 |
| 6月 |
| 7月 |
| 8月 |
| 9月 |
| 10月 |
| 11月 |
| 12月 |

**生息地**
- 林・森・農地

**大きさ**
- 約23cm

**色**
- 橙赤、黒

**特徴**
アカハラより、全体に色が濃く、頭と胸が黒く、腹部の橙赤色との境がはっきりしている

鳴き声・QRコード

　利島から青ヶ島にいたる伊豆諸島の特産種。天然記念物に指定されて、年間通して見ることができる。冬には大島や伊豆半島に渡ることもある。人を恐れず、じっとしていると近寄ってくる。日中はあまりさえずらず、日の出や日の入り前後にさかんに鳴く。地上を跳ね歩いて餌を探し、葉の下のミミズや昆虫などを捕らえる。熟した草木の実も食べ、道路や人家の庭で採食することもある。静かにしていると近づくことも。

## 巧の鳥・撮りコラム⑥

屋久島などで見られるアカヒゲ。そこでしか会えないのも島鳥撮影の大きな魅力

## 「"鳥"に会いに"島"に行く」

　そこまで行かないと見られないことも、魅力となっている島鳥。私もアカコッコに会いに友人と伊豆諸島のひとつ、三宅島に行ったことがあります。島自体が小さく、見られるポイントもだいたい決まっているようで、宿泊したところの主人に教えてもらい、無事アカコッコに出会うことができました。その他にも自然豊かな島には、珍しい鳥がたくさんいます。そのときは、カラスバトやコマドリの亜種・タネコマドリなど、普段なかなか見られない鳥を見ることができました。

　島固有の種が見られるというわけではないのですが、渡り鳥の休憩地として、本州には渡らないような様々な野鳥に出会うことができる石川県の舳倉島（へぐらじま）も、全国から多くの野鳥愛好家が集う野鳥観察の聖地となっています。私が訪れたのは10年以上前。輪島から1日1往復しか出ない定期船に乗り、舳倉島に向かいました。そこで見られたのは、ヤマショウビンやオオルリ、コルリ、キビタキなどの美しい鳥たちでした。とくにヤマショウビンは渡りの途中で、一週間も時期がずれていたら会えなかったでしょう。

　近場で楽しむのも鳥の楽しみ方のひとつですが、アカヒゲなどの島でしか見られない鳥を見に行く野鳥旅行も、とっても楽しいものですよ。

# おわりに

　私が野鳥を本格的に撮影するようになって、もう20年近くが経とうとしています。その間、カメラはフィルムからデジタルに、連絡・情報入手の手段は携帯電話やインターネットに、格段の進歩を遂げました。それでもいまだに、野鳥に出会ったときの感動、上手く撮影できたときの喜びは、始めたときとまったく変わりません。

　すでに野鳥観察を始められている方も、これから始めようと思っている方も、本書を「読んで」「見て」「聴いて」いただいたことで、きっと、もっと野鳥を好きになっているのではないでしょうか。

　本書の読者が、野鳥の良き理解者、同じ楽しみを共有する同志となってもらえることを期待しています。

　そして、野鳥を見たときに、そのとき以上に環境を良くし、その結果としてまた見られる野鳥が増えていく……。そんな好循環が本書を通して実現できることを祈って。

監修 吉田 巧

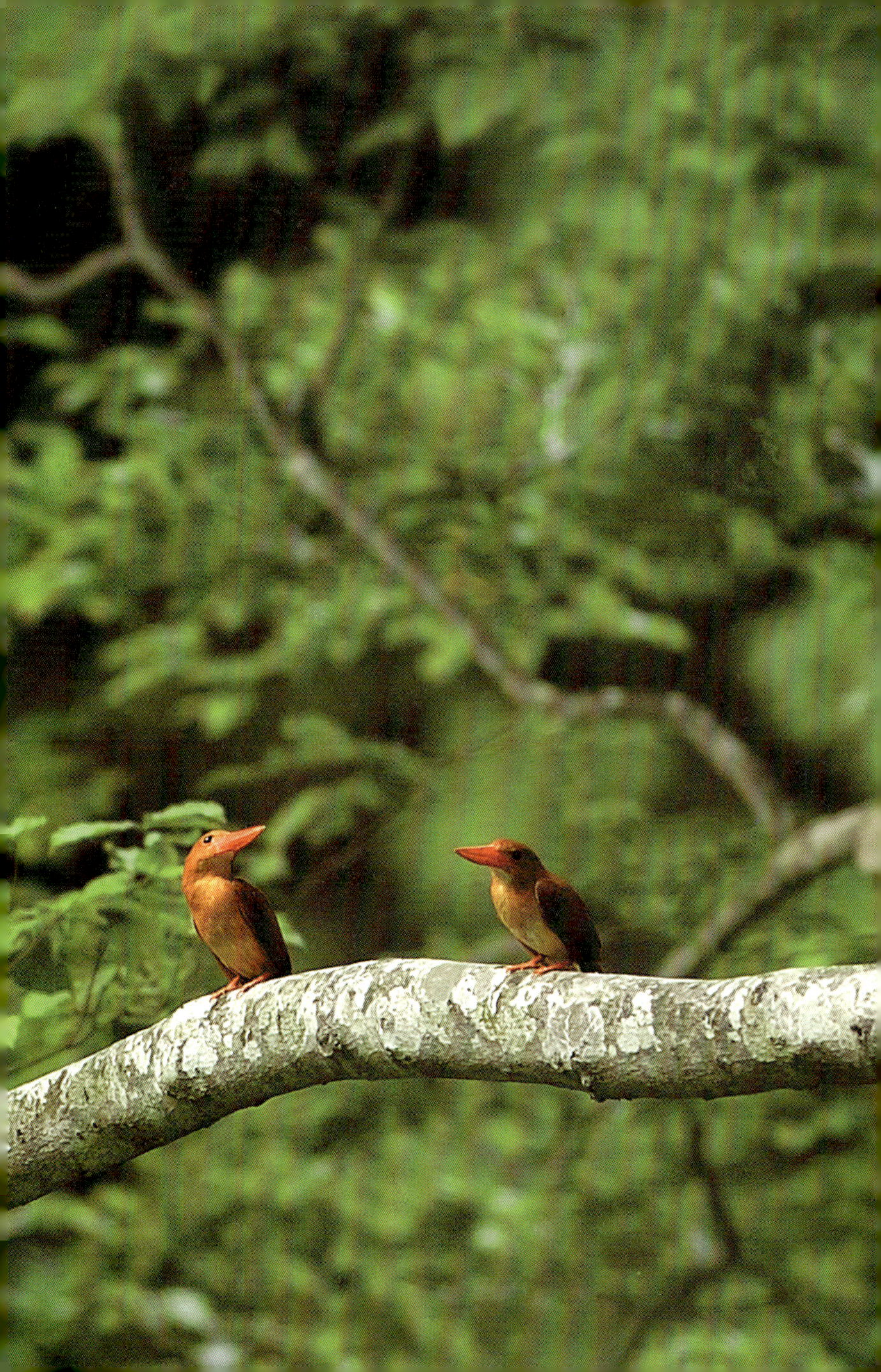

# 鳴き声と羽根でわかる 野鳥図鑑 INDEX

| 名前 | 野鳥 No | ページ |
|---|---|---|
| アオアシシギ | 137 | 234 |
| アオゲラ | 30 | 82 |
| アオサギ | 107 | 194 |
| アオジ | 46 | 110 |
| アオバズク | 35 | 90 |
| アオバト | 84 | 159 |
| アカゲラ | 31 | 84 |
| アカコッコ | 144 | 248 |
| アカショウビン | 82 | 156 |
| アカハラ | 66 | 136 |
| アカヒゲ | 141 | 244 |
| アカモズ | 27 | 79 |
| アトリ | 44 | 108 |
| イカル | 42 | 104 |
| イソシギ | 103 | 188 |
| イソヒヨドリ | 126 | 220 |
| イヌワシ | 91 | 168 |
| イワツバメ | 79 | 153 |
| イワヒバリ | 73 | 147 |
| ウグイス | 3 | 45 |
| ウソ | 41 | 103 |
| ウミネコ | 130 | 226 |
| エナガ | 21 | 72 |
| オオコノハズク | 93 | 171 |
| オオジシギ | 94 | 172 |
| オオジュリン | 109 | 196 |
| オオソリハシシギ | 135 | 232 |
| オオタカ | 36 | 92 |
| オオハクチョウ | 124 | 214 |
| オオバン | 112 | 199 |
| オオヨシキリ | 95 | 176 |
| オオルリ | 54 | 120 |
| オシドリ | 120 | 210 |
| オジロビタキ | 18 | 68 |
| オナガ | 12 | 58 |
| オナガガモ | 116 | 204 |

| 名前 | 野鳥 No | ページ |
|---|---|---|
| カイツブリ | 111 | 198 |
| カケス | 16 | 66 |
| カシラダカ | 58 | 127 |
| カッコウ | 86 | 161 |
| カヤクグリ | 72 | 146 |
| カルガモ | 114 | 202 |
| カワウ | 125 | 216 |
| カワガラス | 75 | 149 |
| カワセミ | 99 | 182 |
| カワラヒワ | 6 | 50 |
| カンムリワシ | 143 | 247 |
| キアシシギ | 136 | 233 |
| キクイタダキ | 57 | 126 |
| キジ | 32 | 86 |
| キジバト | 34 | 89 |
| キセキレイ | 78 | 152 |
| キビタキ | 55 | 122 |
| キレンジャク | 26 | 78 |
| キンクロハジロ | 138 | 236 |
| クマゲラ | 80 | 154 |
| クロジ | 47 | 111 |
| クロツグミ | 65 | 135 |
| コアジサシ | 128 | 222 |
| ゴイサギ | 106 | 192 |
| コウノトリ | 110 | 197 |
| コガモ | 118 | 207 |
| コガラ | 20 | 71 |
| コゲラ | 11 | 57 |
| コサギ | 105 | 190 |
| ゴジュウカラ | 51 | 116 |
| コジュケイ | 33 | 88 |
| コチドリ | 102 | 187 |
| コハクチョウ | 123 | 213 |
| コマドリ | 71 | 144 |
| コムクドリ | 45 | 109 |
| コヨシキリ | 62 | 131 |

| 名前 | 野鳥 No | ページ |
|---|---|---|
| コルリ | 68 | 139 |
| サシバ | 38 | 96 |
| サンコウチョウ | 56 | 124 |
| サンショウクイ | 76 | 150 |
| シジュウカラ | 1 | 42 |
| シメ | 17 | 67 |
| ジュウイチ | 89 | 165 |
| ジョウビタキ | 5 | 48 |
| シロチドリ | 133 | 230 |
| シロハラ | 23 | 75 |
| スズメ | 2 | 44 |
| セイタカシギ | 132 | 228 |
| セグロセキレイ | 98 | 181 |
| セッカ | 63 | 132 |
| センダイムシクイ | 60 | 129 |
| ダイサギ | 108 | 195 |
| ダイシャクシギ | 134 | 231 |
| タヒバリ | 97 | 180 |
| タンチョウ | 104 | 189 |
| チゴモズ | 28 | 80 |
| チョウゲンボウ | 37 | 94 |
| ツグミ | 22 | 74 |
| ツツドリ | 88 | 164 |
| ツバメ | 10 | 56 |
| ツミ | 92 | 170 |
| トビ | 101 | 186 |
| トラツグミ | 64 | 134 |
| ニュウナイスズメ | 40 | 102 |
| ノゴマ | 24 | 76 |
| ノジコ | 48 | 112 |
| ノビタキ | 70 | 142 |
| ハクセキレイ | 9 | 54 |
| ハシビロガモ | 117 | 206 |
| ハシブトガラス | 13 | 60 |
| ハシボソガラス | 14 | 61 |
| バン | 113 | 200 |

| 名前 | 野鳥 No | ページ |
|---|---|---|
| ヒガラ | 52 | 118 |
| ヒシクイ | 122 | 212 |
| ヒドリガモ | 119 | 208 |
| ヒバリ | 29 | 81 |
| ヒヨドリ | 8 | 52 |
| ヒレンジャク | 25 | 77 |
| ビンズイ | 77 | 151 |
| フクロウ | 90 | 166 |
| ブッポウソウ | 83 | 158 |
| ベニマシコ | 96 | 178 |
| ホオアカ | 50 | 114 |
| ホオジロ | 19 | 70 |
| ホシガラス | 39 | 100 |
| ホシハジロ | 139 | 238 |
| ホトトギス | 87 | 162 |
| マガモ | 115 | 203 |
| マガン | 121 | 211 |
| マヒワ | 43 | 106 |
| マミジロ | 67 | 138 |
| ミサゴ | 127 | 221 |
| ミソサザイ | 74 | 148 |
| ミヤコドリ | 131 | 227 |
| ミヤマホオジロ | 49 | 113 |
| ムクドリ | 15 | 62 |
| メグロ | 142 | 246 |
| メジロ | 4 | 46 |
| メボソムシクイ | 59 | 128 |
| モズ | 7 | 51 |
| ヤブサメ | 61 | 130 |
| ヤマガラ | 53 | 119 |
| ヤマセミ | 100 | 184 |
| ユリカモメ | 129 | 224 |
| ヨタカ | 81 | 155 |
| ライチョウ | 85 | 160 |
| ルリカケス | 140 | 242 |
| ルリビタキ | 69 | 140 |

# 監修者紹介

**監修 吉田 巧**（よしだ たくみ）

写真家。1964年、茨城県生まれ東京育ち。東京都昭島市在住。1991年、カワセミと出会い本格的に野鳥撮影を開始。2000年、デジタル一眼レフでの撮影開始、デジタル野鳥写真の先駆者。2005年フォトマスターEX（野鳥）取得。（財）日本野鳥の会会員。（社）日本写真協会会員。NPO法人フォトカルチャー倶楽部認定インストラクターとしても、撮影指導にあたっている。日本野鳥の会東京支部研究部『東京都産鳥類目録2000』の作成スタッフ。創元社『俳句の鳥』、同『俳句の天地』、成美堂出版『俳句の鳥・虫図鑑』等の写真を担当。

● 運営サイト
「タクミの野鳥アルバム」 http://www.takumibird.com/
「デジ眼.com」http://www.digital1gan.com/
「デジイチSNS」http://www.digi1.biz/

● メール　yoshida@takumibird.com

**音声監修 岩下 緑**（いわした みどり）

鳴き声を中心に野鳥の情報をまとめているホームページ「ことりのさえずり」の管理人。1993年の冬にヒガラの水浴びを間近で見てしまったことから、鳥の道にはまる。好きな鳥はたくさんいるが、家の近所でオナガに会えると、その日は幸せな気分で過ごせる。より良い録音を目指している音作り担当の夫と一緒に可能な限りフィールドに出かけ、1年は鳥暦に従いあっという間に過ぎて行く。いつの日か聴いてみたいのはシマフクロウ。そのうちに見てみたいのは、カイツブリの飛翔、ハクガン何万羽の塒立ち。ウェブサイトの更新も継続していきますので、こちらもどうぞよろしくお願い致します♪

● 運営サイト
「ことりのさえずり」http://pikanakiusagi.web.fc2.com/

## 音声提供・協力

岩下 和義

## 写真協力

佐々木 一弘
大矢 光弘
野口 好博
福田 啓人
牛久 正治
西川 賢二
田中 茂行
大野 胖
森田 悦央
鶴屋 光枝
本宮 遵

## 参考文献

『日本の野鳥図鑑』
松田道生 監修（ナツメ社）

『野鳥』
叶内拓哉 著（山と溪谷社）

『山溪ハンディ図鑑 7 日本の野鳥』
叶内拓哉 著（山と溪谷社）

『日本の野鳥 カラー名鑑〈特装版〉』
高野伸二 編（山と溪谷社）

『野鳥観察図鑑
―日本で見られる340種へのアプローチ』
杉坂学 監修（成美堂出版）

『日本の鳥550 水辺の鳥』
桐原政志 解説（文一総合出版）

『日本の鳥550 山野の鳥』
五百沢日丸 解説（文一総合出版）

『野鳥の羽ハンドブック』
高田勝、叶内拓哉 著（文一総合出版）

『原寸大写真図鑑 羽』
高田勝、叶内拓哉 著（文一総合出版）

『日本の野鳥羽根図鑑』
笹川昭雄 著（世界文化社）

**STAFF**

音声提供
岩下 和義

編集・制作・構成
松尾 里央 (ナイスク)
高作 真紀 (ナイスク)
齋藤 徳人 (ナイスク)
若林 ちひろ (ナイスク)

デザイン
Design Office TERRA

イラスト
五條 瑠美子

DTP
沖増 岳二

鳴き声と羽根でわかる
# 野鳥図鑑

| | |
|---|---|
| 監修者 | 吉田 巧 |
| 音声監修者 | 岩下 緑 |
| 発行者 | 池田 豊 |
| 印刷所 | 大日本印刷株式会社 |
| 製本所 | 大日本印刷株式会社 |
| 発行所 | 株式会社池田書店 |

〒162-0851　東京都新宿区弁天町43番地
電話03-3267-6821（代）／振替00120-9-60072
落丁・乱丁はおとりかえいたします。

©K.K.Ikeda Shoten 2010, Printed in Japan
ISBN978-4-262-14749-9

音声データの著作権は岩下緑と株式会社池田書店に属します。
個人ではご利用いただけますが、再配布や販売、営利目的の利用はお断りさせていただきます。

本書の内容の一部または全部を無断で複写複製（コピー）することは、
法律で認められた場合を除き、著作者および出版社の権利の侵害となりますので、
その場合はあらかじめ小社あてに許諾を求めてください。